彩图 1 番茄病毒病

彩图 2 番茄晚疫病

彩图 3 番茄根结线虫病

彩图 4 甜瓜白粉病

彩图 5 甜瓜枯萎病

彩图 6 白粉虱

彩图 7 蚜虫

彩图 8 甘蓝软腐病

彩图 9　西瓜根腐病

彩图 10　西瓜枯萎病

彩图 11　西蓝花黑腐病

彩图 12　西蓝花软腐病

彩图 13　空心菜轮纹病

彩图 14　空心菜白锈病

彩图 15　大白菜根肿病

彩图 16　大白菜软腐病

彩图 17　黄瓜霜霉病

彩图 18　黄瓜白粉病

彩图 19　芹菜叶斑病

彩图 20　芹菜早疫病

彩图 21　生姜姜瘟病

彩图 22　姜螟

彩图 23　辣椒疫病

彩图 24　辣椒白粉病

彩图 25　红菜薹霜霉病

彩图 26　红菜薹菌核病

彩图 27　芦笋茎枯病

彩图 28　芦笋褐斑病

彩图 29　芸豆锈病

彩图 30　芸豆炭疽病

彩图 31　菜青虫

彩图 32　潜叶蝇

彩图 33　苦瓜炭疽病

彩图 34　苦瓜白粉病

彩图 35　莴苣炭疽病

彩图 36　茼蒿霜霉病

彩图 37　茄子黄萎病

彩图 38　蓟马

彩图 39　散叶生菜软腐病

彩图 40　菠菜霜霉病

蔬菜种植实用技术

主　编　刘中良　武　良
副主编　张文倩　陈　强
参　编　（按姓氏音序排列）

安玉燕	陈勇玲	陈勇明	陈　震	程　鸿	程立新
董灵迪	傅鸿妃	高璐阳	关祝庆	郭敬华	韩宇睿
黄玉波	黄增敏	焦永刚	廖志强	刘　伟	刘　勇
陆景伟	石琳琪	史小强	王明耀	王玉玮	闫伟强
杨玉波	尹红增	张慧君	张明科	张顺斋	张　伟
张新伟	张永奎	赵洪波	钟开勤	周世平	朱德彬

机械工业出版社

随着农业供给侧结构性改革的不断深入，多元化蔬菜种植结构的稳步调整，高效生态的多茬种植模式成为蔬菜产业实现可持续发展的主推模式，不仅能充分利用时间和空间条件，切实提高土地利用效率，也有助于实现蔬菜产业的高效优质发展，增加农户效益。

本书介绍的蔬菜种植技术，选取了各科研单位集成的技术模式，实现了单位面积产量和效益同步提高，成为区域可复制、可推广的种植模式，这些技术模式也将为广大蔬菜种植户提供致富的新思路，也有助于广大基层农技人员更好地指导蔬菜生产，为产业助推乡村振兴做出更大的贡献。

图书在版编目（CIP）数据

蔬菜种植实用技术/刘中良，武良主编. —北京：机械工业出版社，2024.6
ISBN 978-7-111-75572-2

Ⅰ. ①蔬… Ⅱ. ①刘… ②武… Ⅲ. ①蔬菜园艺 Ⅳ. ①S63

中国国家版本馆 CIP 数据核字（2024）第 072320 号

机械工业出版社（北京市百万庄大街22号　邮政编码100037）
策划编辑：高　伟　周晓伟　　责任编辑：高　伟　周晓伟　王　荣
责任校对：潘　蕊　张昕妍　　责任印制：单爱军
保定市中画美凯印刷有限公司印刷
2024年6月第1版第1次印刷
145mm×210mm・4印张・4插页・122千字
标准书号：ISBN 978-7-111-75572-2
定价：29.80元

电话服务　　　　　　　　　　网络服务
客服电话：010-88361066　　　机 工 官 网：www.cmpbook.com
　　　　　010-88379833　　　机 工 官 博：weibo.com/cmp1952
　　　　　010-68326294　　　金 　书 　网：www.golden-book.com
封底无防伪标均为盗版　　　　机工教育服务网：www.cmpedu.com

前言

我国是设施蔬菜生产大国,种植面积达6000多万亩。作为一种高投入、高产出、高效益及高科技于一体的集约规模农业生产方式,设施蔬菜不仅是现代蔬菜产业的重要标志,也是未来蔬菜产业发展的趋势。近年来,随着设施蔬菜新品种的更新、新技术的突破及效益的提升,促使其他的农业产业转投到蔬菜产业的大潮中。

拱棚作为一种简易实用的栽培设施,由于建造容易、使用方便、投资较少而被各地普遍采用,其建造面积逐年增加。因此,本着注重实用性和经济性的基本原则,泰安市农业科学院、新洋丰农业科技股份有限公司、西北农林科技大学、重庆市农业科学院、淮北师范大学、福州市蔬菜科学研究所、汉中市农业科学研究所、甘肃省农业科学院、郑州市蔬菜研究所、宜春市农业科学院、河北省农林科学院、廊坊市农林科学院、萍乡市蔬菜科学研究所、杭州市农业科学研究院、周口市农业科学院、中农集团控股股份有限公司、山东寿光蔬菜种业集团有限公司、山东一品农产集团有限公司、新飞达(山东)食品有限公司等多家单位联合编写了本书,以满足广大种植户对蔬菜种植的需求。

本书共十六章内容,包括秋冬番茄+春甜瓜多膜覆盖、夏番茄+越冬甘蓝、春西瓜+秋西蓝花等蔬菜高效种植实用技术,涉及种植茬口、品种选择、整地、肥水管理、病虫害防治等关键技术。在编写过程中力求语言通俗简练,具有较强的可操作性。本书可作为广大菜农和基层农技人员的生产用书,也可作为农业院校的实践参考书。本书在编写过程中,得到了相关专家、同行的大力相助,谨此一并致谢。

需要特别说明的是,由于各地的生产条件、种植习惯等不尽相同,本书所介绍的相关技术,各地应该因地制宜吸收借鉴并利用。本书所用农药及其使用剂量仅供读者参考,不可照搬。在实际生产中,所用药物学名、常用名和实际商品名称有差异,药物浓度也有所不同,建议读者在使用每一种药物之前,参阅厂家提供的产品说明书,科学使用农药。

因编者水平有限,编写时间比较仓促,书中疏漏和不当之处在所难免,敬请广大读者批评指正。

编　者

前言

第一章 秋冬番茄+春甜瓜多膜覆盖高效种植 …………………… 1
  第一节 番茄栽培管理技术 …… 1　　第二节 甜瓜栽培管理技术 …… 5

第二章 夏番茄+越冬甘蓝高效种植 ……………………………… 9
  第一节 番茄栽培管理技术 …… 9　　第二节 甘蓝栽培管理技术 … 13

第三章 春西瓜+秋西蓝花高效种植 ……………………………… 15
  第一节 西瓜栽培管理技术 … 15　　第二节 西蓝花栽培管理技术 … 19

第四章 春空心菜/甜玉米+秋番茄高效种植 …………………… 23
  第一节 空心菜栽培管理技术 … 23　　第三节 番茄栽培管理技术 …… 29
  第二节 甜玉米栽培管理技术 … 25

第五章 早春大白菜+越夏黄瓜/番茄+秋延迟芹菜
  高效种植 ……………………………………………………… 33
  第一节 大白菜栽培管理技术 … 33　　第三节 番茄栽培管理技术 … 38
  第二节 黄瓜栽培管理技术 … 36　　第四节 芹菜栽培管理技术 … 40

第六章 早春马铃薯+生姜高效种植 ……………………………… 43
  第一节 马铃薯栽培管理技术 … 43　　第二节 生姜栽培管理技术 … 45

第七章　春薄皮甜瓜+夏秋皱皮辣椒高效种植 …… 49

第一节　薄皮甜瓜栽培管理技术 …………… 49

第二节　皱皮辣椒栽培管理技术 …………… 52

第八章　春马铃薯+春甘蓝+夏不结球白菜+秋延迟红菜薹高效种植 …………… 56

第一节　马铃薯栽培管理技术 …………… 56

第二节　甘蓝栽培管理技术 … 59

第三节　不结球白菜栽培管理技术 …………… 61

第四节　红菜薹栽培管理技术 … 63

第九章　芦笋周年高效种植 …………… 67

第十章　春黄瓜+夏番茄+秋芸豆高效种植 …………… 72

第一节　黄瓜栽培管理技术 … 72

第二节　番茄栽培管理技术 … 76

第三节　芸豆栽培管理技术 … 79

第十一章　春辣椒+夏芹菜+秋冬松花菜高效种植 …… 81

第一节　辣椒栽培管理技术 … 81

第二节　芹菜栽培管理技术 … 84

第三节　松花菜栽培管理技术 …………… 85

第十二章　春苦瓜+秋青（辣）椒高效种植 …………… 88

第一节　苦瓜栽培管理技术 …………… 88

第二节　青（辣）椒栽培管理技术 …………… 91

第十三章　秋冬莴苣+春番茄+夏丝瓜高效种植 …… 94

第一节　莴苣栽培管理技术 … 94

第二节　番茄栽培管理技术 … 96

第三节　丝瓜栽培管理技术 … 98

第十四章　春番茄+夏秋黄瓜+冬茼蒿（两茬）高效种植 …… 100
　　第一节　番茄栽培管理技术 … 100　　第三节　茼蒿栽培管理技术 … 106
　　第二节　黄瓜栽培管理技术 … 103

第十五章　春夏茄子+秋冬散叶生菜（四茬）高效种植 …… 108
　　第一节　茄子栽培管理技术
　　　　　　………………… 108
　　第二节　散叶生菜栽培管理
　　　　　　技术 ………………… 110

第十六章　春黄瓜+夏番茄+越冬菠菜高效种植 …………… 113
　　第一节　黄瓜栽培管理技术 … 113　　第三节　菠菜栽培管理技术 … 120
　　第二节　番茄栽培管理技术 … 116

参考文献 ………………………………………………………… 121

第一章 秋冬番茄+春甜瓜多膜覆盖高效种植

【种植茬口】

番茄：9月15日~25日播种育苗，苗龄30~35天，10月25日左右定植，第二年2月开始采收。

甜瓜：薄皮类型于3月初~3月底播种育苗，厚皮类型于3月中下旬播种育苗，苗龄30天左右。薄皮类型于4月初~4月底定植，6月中旬~7月初上市；厚皮类型于4月中下旬~5月初定植，7月10日左右上市。

上述茬口日期适合我国大部分地区。甜瓜苗可于番茄生长后期套种在番茄植株中间，进行硬茬定植，一膜两熟，可降低生产成本。套种期一般以1个月比较适宜。

第一节 番茄栽培管理技术

1. 品种选择

要选择耐低温、耐弱光、优质、高产、耐贮运、商品性好、抗多种病害、抗逆性好、连续坐果能力强、叶量中等、适合市场需求的品种；大果类型可选用普罗旺斯、德贝利等品种，樱桃番茄可选用粉贝贝、格格、佳粉、佳粉2号、粉圣等品种。

2. 栽培土壤肥力要求

要求土壤应达到中等肥力水平，即有机质含量在2%以上、碱解氮含量为80~100毫克/千克、有效磷含量为200~300毫克/千克、有效钾含量为150~220毫克/千克。

3. 播种育苗

（1）种子处理

1）温汤浸种。把种子放入55℃温水中，维持水温恒定，浸泡15分钟。此方法主要预防叶霉病、溃疡病、早疫病。

2）磷酸三钠浸种。先将种子用清水浸泡3~4小时，再放入10%磷酸三钠溶液中浸泡。

（2）育苗基质 采用基质穴盘育苗方式，使用拱棚等设施进行育苗。育苗前应及时对穴盘进行消毒处理，创造适合秧苗生长发育的环境条件。选用市场销售的育苗基质，国产或进口基质均可。

（3）播种 当70%以上催芽种子破嘴（露白）即可播种，采用50孔或72孔穴盘进行育苗。播种前需要对育苗基质进行杀菌，即加入适量的杀菌剂（每立方米基质加入50克百菌清或多菌灵），拌匀浇水直至基质含水量为最大持水量的55%~65%，即手握后有水印但无滴水即可。

（4）装盘 将配好的基质装入穴盘中，使每个孔穴都装满基质，并用木板刮平。

（5）压穴 用压穴板压穴约0.5厘米深。每平方米苗床再用50%多菌灵可湿性粉剂8克，拌上细土均匀薄撒于床面上，以预防猝倒病；并用杀虫剂拌上毒饵撒于苗床的四周外围，防止害虫危害种子及幼苗。床面覆盖遮阳网，70%幼苗顶土时撤除床面覆盖物。

（6）苗期管理

1）温度管理。夏秋育苗期温度高，主要靠遮阳网和叶面喷水进行降温。

2）光照管理。育苗拱棚外架设遮阳网，进行遮光降温。

3）水分管理。早晚喷水，进行补水及降温。

4）肥水管理。苗期以控水控肥为主。子叶展开至2叶1心期，基质水分含量为65%~70%，3叶1心至成苗期，基质水分含量为60%~65%。

第一章 秋冬番茄+春甜瓜多膜覆盖高效种植

在秧苗为3~4片叶时，可结合苗情追提苗肥。禁止使用任何调节剂来控制幼苗生长，这对后期开花、坐果有影响。炼苗时，逐渐撤去遮阳网，适当控制水分，或者育苗中期挪动1次穴盘。

4. 定植前的准备

（1）棚室消毒 7~8月利用日光温室休闲期，进行棚内土壤太阳能消毒处理。按照3步法实施：第一步地表消毒杀菌，即清棚（作物残体、杂草）后先闷棚7天左右，杀灭地表的病菌及虫卵；第二步干闷，即施入有机肥，每亩（1亩≈666.7米^2）基施猪粪、鸡粪、牛粪等（半腐熟或腐熟）农家肥3~5米^3，深翻25~30厘米后闷棚7天左右；第三步湿闷，即南北向起垄分块（间隔3米左右），浇大水，然后东西向覆盖较薄的透明塑料薄膜，闷棚15天左右（15天以上的晴热天气）。

（2）闷棚前的处理 加入以腐熟粪肥为主的生物菌剂，如酵母菌、乳酸菌、嗜热菌等。

（3）闷棚后的处理 加入以防病为主的生物菌剂，如枯草芽孢杆菌、荧光假单胞菌、地衣芽孢杆菌、解淀粉芽孢杆菌、木霉菌、放线菌等。

（4）整地 按照2米一沟一垄方式做成半高垄，南北向，垄宽40厘米，垄高20厘米，沟宽160厘米。

（5）底肥 在施用上述有机肥的基础上，在做好的垄上每亩条施生物有机肥300千克、复合肥（15-15-15）50千克、硫酸镁10~15千克、微生物菌剂1~2千克，根据上茬作物表现，施用硼砂、硫酸亚铁、硫酸锌或硫酸钼，每亩施用量为1~1.5千克。

5. 定植

定植前1天，用25%嘧菌酯悬浮剂20毫升+62.5克/升精甲·咯菌腈悬浮剂20毫升+25%噻虫嗪水分散粒剂10毫升+益施帮50毫升，兑水稀释200~300倍，把育苗盘浸入药液中3~5分钟，取出育苗盘后适当控水。

采用大行距密植半高垄栽培方式，每亩定植大果番茄2600株、樱桃番茄1900株。每垄定植2行，大果番茄株行距25厘米×40厘米，樱桃番茄株行距35厘米×40厘米，缓苗后覆盖银灰色地膜。

6. 田间管理

（1）温度管理 缓苗期温度维持在白天25~28℃、夜间17~20℃；缓苗期后到结果期前温度维持在白天 22~26℃、夜间 15~18℃；结果期温度维持在白天 20~25℃、夜间 13~15℃。

（2）**光照管理** 采用透光性好的 PO（聚烯烃）膜，保持膜面清洁，不论天气好坏，棉被早揭晚盖。

（3）**湿度管理** 缓苗期土壤湿度 70%~80%、开花结果期 60%~70%。可通过地膜覆盖、膜下滴灌或暗灌、通风排湿、温度调控及操作行（人行道）铺设秸秆等措施进行空气湿度调节。

（4）**肥水管理** 采用水肥一体化栽培管理技术，按照番茄不同生育阶段的需肥量，进行膜下滴灌或暗灌。定植后及时浇透水，可随水冲施地蛆线虫一冲净 1 千克/亩，3~5 天后再浇缓苗水。缓苗后，要适当控制水分，视土壤墒情和天气情况，20~30 天不浇水。以后观察叶片，13:00 叶片萎蔫时，浇 1 次水。立冬以后尽量少浇水，小雪节气前浇 1 次小水，以后停止浇水，待天气转暖后再根据植株长势和土壤墒情决定浇水时间及浇水量。追肥掌握薄肥勤施的原则，随水追施，结果前期以平衡肥（20-20-20）为主，结果中后期应施用高钾水溶肥（13-6-40）2 次，每次追施 5~7 千克/亩，整个生育期追肥 7~11 次。在果实膨大期，可以用 0.3% 尿素+0.5% 磷酸二氢钾进行叶面追肥。果实膨大中后期，浇 1 次清水，再浇 1 次肥水，交替进行。

（5）**整枝** 大果番茄采用单干整枝，樱桃番茄采用双干整枝。

（6）**摘心、打杈和摘除底叶** 大果番茄留 6 穗果后摘心，樱桃番茄每干留 5 穗果后摘心。当最上层目标果穗开花时，留 2 片叶摘心，保留其上的侧枝。第一穗果达到绿熟期后，及时摘除枯黄有病斑的叶片和老叶。

（7）**保果疏果** 樱桃番茄应摘除过长的穗梢，确保商品率；大果番茄应适当疏果，第一穗预留 5 个果，疏果后留 3 个果；第二穗留 4 个果，再往上每穗留 4~5 个果。切忌第一、二穗留果过多。可使用防落素、番茄灵、花蕾宝等植物生长调节剂处理花穗。在灰霉病多发的地区，应在溶液中加入腐霉利等防病药剂。建议采用熊蜂授粉。

（8）**铺放秸秆保温降湿** 进入 11 月中旬，外界夜温低于 16℃，可在操作行（人行道）铺放粉碎秸秆，放入前根据数量添加有机物料腐熟剂，然后覆盖薄膜。

7. 病虫害防治

秋冬番茄的主要病害有病毒病（彩图1）、晚疫病（彩图2）、灰霉病、叶霉病、早疫病、青枯病、枯萎病、溃疡病，主要虫害有根结线虫（彩图3）、蚜虫、白粉虱、烟粉虱、蓟马、潜叶蝇、茶黄螨、棉铃虫。

（1）农业防治 一是选择适宜的高抗、多抗品种。二是创造适宜生长发育的环境条件，培育适龄壮苗，提高植株抗逆性；控制好空气湿度、肥水和光照，通过放风和辅助加温，调节番茄不同生育时期的适宜温度；深沟高畦，严防积水，清洁田园。三是耕作改制，有条件的地区应实行水旱轮作，严格轮作制度，与非茄科蔬菜轮作3年以上。四是科学施肥，测土配方，平衡施肥，增施充分腐熟的有机肥，减施化肥。

（2）物理防治 利用黄色粘虫板和蓝色粘虫板诱杀害虫，每亩悬挂黄色粘虫板（25厘米×30厘米）50块、蓝色粘虫板10块左右。在风口和出入口使用防虫网，严冬季节出入口内外悬挂棉被，上风口和出入口处用薄膜设置冷空气缓冲带。

（3）生物防治

1）天敌。利用天敌，防治虫害。

2）生物药剂。采用植物源农药如藜芦碱、苦参碱、印楝素等和生物源农药如木霉菌、新植霉素等生物药剂防治病虫害。

（4）化学防治 注意各种常见病虫害的预防化学药剂名称、使用方法和安全间隔期。推荐使用高内吸性药剂，随水进行根部用药，进行肥水药一体化栽培管理。

8. 适时采收

番茄果实达到生理成熟时及时采收，以减轻植株负担。

第二节 甜瓜栽培管理技术

1. 品种选择

薄皮类型可选用绿宝、羊角蜜等中熟品种，要求从定植到采收65天左右；厚皮类型可选用农大甜5号、西州蜜25等品种，要求授粉后

45~50天成熟。

2. 播种育苗

（1）**种子处理**　播种前选择晴天晒种2天，再温汤浸种，在28~30℃下催芽，当80%种子露白时播种。

（2）**基质穴盘育苗**　苗床铺设地热线，功率为80~100瓦/米^2，基质经预湿后装入40孔穴盘，将穴盘整齐排放在地热线上。选择晴天的上午播种，每穴压直径和深度均为1.5厘米的孔，播种1粒露白种子。播种时将种子平放、芽尖朝下，然后覆盖基质压实刮平，再次喷水后覆盖地膜以保温保湿。

（3）**苗床管理**　出苗前白天温度保持在25~30℃，夜间温度保持在18~20℃为宜。夜间温度低于15℃时，晚上开通地热线加温，使最低地温保持在16℃以上。幼苗顶土时揭除地膜，出苗后适当降低温度，防止出现高脚苗，温度控制在白天22~25℃、夜间15~17℃。定植前1周，逐渐加大通风，降低温度，控制在白天20~25℃，夜间由15℃逐步降至9℃，进行大温差炼苗。

3. 定植

甜瓜成苗后，在番茄栽植行内，每2株番茄植株中间挖窝硬茬定植甜瓜。甜瓜的定植深度以覆土刚好埋没基质块为宜。甜瓜的密度与大果番茄相同，为2200~2400株/亩。

4. 田间管理

（1）**温湿度管理**

1）缓苗期。甜瓜定植后1周左右为缓苗期，保温被要晚揭早盖，保持高湿度、较高温度促进尽快缓苗，温度保持在白天26~30℃、夜间不低于13℃。

2）伸蔓期。缓苗后，开始通风排湿降温，防止徒长，温度维持在白天25~28℃、夜间13~17℃。中午温度超过30℃时，适当通风降温，温度低于25℃时关闭风口。

3）开花坐果期。温度保持在白天25~30℃、夜间15~18℃。温度高于35℃和低于15℃会影响正常坐果，管理时要严格掌握。

4）果实发育期。果实发育时需要较高温度，同时大温差管理便于光合产物积累。温度控制在白天 27~35℃（超过 35℃就进行通风）、夜间 13~18℃。果实成熟期，温度控制在白天 28~30℃、夜间不低于 15℃。

（2）肥水管理

1）灌水。定植缓苗后，选择晴天灌 1 次缓苗水。缓苗后至伸蔓期，控水、保墒、蹲苗，促根防徒长。伸蔓期生长加快，需水量增加，选择晴好天气灌 1 次伸蔓水。开花坐果保持土壤湿润，促进坐果。果实膨大期需水量大，应增加灌水次数，增大灌水量，以促进果实充分膨大。果实膨大后期，控制灌水。采收前 10 天停止灌水。

2）施肥。伸蔓期若瓜秧长势不强，可随水追施少量尿素和硫酸钾。果实膨大期追肥 2 次，第一次在坐住果（幼瓜乒乓球大小）时，随水冲施尿素 20~25 千克/亩、硫酸钾 15~20 千克/亩；20 天后进行第二次追肥，结合灌水追施尿素 15 千克/亩、硫酸钾 15 千克/亩。

3）吊蔓留瓜。每株瓜蔓绑 1 条吊蔓绳，上端绑在钢丝上，下端用吊蔓夹固定瓜蔓茎基部，将不断生长伸长的瓜蔓缠绕在吊蔓绳上。

甜瓜与番茄套种，适宜生长期有限，甜瓜一般选用子蔓结瓜品种，薄皮类型一般留 4~5 个瓜；厚皮类型先预留 3 个瓜，最终选留 1 个瓜。薄皮类型摘除主蔓上 11 片叶以下的子蔓，在第 12~17 片叶之间留子蔓，选 5 个生长健壮、瓜胎肥大、发育良好的子蔓坐瓜，坐果后子蔓瓜前留 1 片叶摘心。厚皮类型也在主蔓 12 片叶以上留瓜。留瓜数量达到后，以后再开放的雌花应及时摘除。

4）人工授粉或激素保果。甜瓜为雌雄同株异花作物，虫媒传粉。大棚栽培早春甜瓜，处于密闭环境且温度较低，花期传粉昆虫较少，必须借助人工授粉才能保证坐果和促果实充分发育。一般在甜瓜花期 8:00~11:00，即花开放后 2 小时内花粉生活力最高时，摘下开放的雄花，去掉花冠，露出雄蕊，再用雄蕊在要坐果的发育良好的雌花柱头上轻轻涂抹，让花粉充分散落在整个柱头表面。一般 1 朵雄花可授粉 2~3 朵雌花。授粉后标记日期，作为以果实发育天数确定成熟采收期的依据。也可以使用氯吡脲进行保果，但应严格按照使用剂量进行，在使用时加入咯菌腈可预防真菌病害。

5）网纹甜瓜上纹。网纹甜瓜授粉后,生长发育很快,一般15天就接近商品果大小,此后生长放缓,是网纹形成的关键时期。要通过加大昼夜温差、降低湿度来促进网纹形成,生产中可通过昼夜打开上下通风口、减少浇水量的田间管理办法实现。

5. 病虫害防治

春甜瓜的主要病害有白粉病(彩图4)、枯萎病(彩图5)、病毒病、霜霉病,主要虫害有白粉虱(彩图6)、蚜虫(彩图7)、茶黄螨。

农业防治、物理防治和生物防治措施同前述番茄。

根据实践经验,在化学防治中应做到"四对",即选对药剂、配对浓度、喷对时间、用对方法。选择高效、低毒、低残留的农药。低温寡照天气,首先选择烟雾剂。严格按照混用原则、使用浓度、配制规范配制药剂。防治时机要抓住一个"早"字,病虫害初发立即防治,效果明显。使用时间:水剂在上午露水干后11:00以前或16:00高温过后喷施,烟雾剂在20:00以后燃放。喷药要叶面、叶背都喷到,也可加入展着剂,提高用药效果。

6. 适时采收

根据标记的授粉日期,当甜瓜果实达到本品种的成熟果实发育天数后,再观察果实,如果果实充分膨大,表现出本品种固有的色泽,并有浓郁的甜香气味时,说明果实已经充分成熟。短距离运输,就近销售时,甜瓜果实充分成熟前1~2天采收;长距离运输,需要较长时间销售时,甜瓜果实充分成熟前3~5天采收。

第二章　夏番茄+越冬甘蓝高效种植

【种植茬口】

番茄：3月15日~4月5日播种育苗，5月中下旬定植，8月初开始采收。

甘蓝：9月上旬~下旬播种育苗，10月下旬~11月上旬定植，第二年3月左右采收。

以上所述为西南地区的茬口日期，其他地区应适时调整。

第一节　番茄栽培管理技术

1. 品种选择

番茄栽培多以种植大红果为主，选择抗病、高产、耐贮运、商品性好的品种，如喜力、金红12等。

2. 播种育苗

（1）种子处理　在55~60℃温水中浸泡，时间为5~8分钟。将浸泡后的种子放置于催芽箱或其他简易催芽器具中进行催芽，温度保持在白天28~30℃、夜间22~25℃，保持湿润和通气，当50%~60%的种子露白时即可播种。

（2）育苗场选择　育苗棚要求建在地势开阔、背风向阳、干燥、无积水、靠近水源的地块。苗床清洁干净，用高锰酸钾200~300倍液进行杀菌消毒。

(3) **育苗基质** 苗床土要求是肥沃、疏松、富含有机质、保水保肥力强的沙壤土；也可以采用商用育苗基质或自制育苗基质，自制育苗基质一般采用营养土∶珍珠岩∶蛭石为3∶1∶1的比例配制。多菌灵或百菌清粉剂按1∶500的比例加入配制好的基质中搅拌均匀，并用水喷湿，以手握成团、松开即散为宜，用塑料薄膜盖好备用。

(4) **播种方式** 采用漂浮盘或穴盘育苗，用备好的基质装盘，基质要松紧适度，湿度控制在30%~40%，播种后用营养土或细石谷子等覆盖，厚度约为0.5厘米，用多菌灵液浇透水，再用黑色薄膜覆盖。

3. 苗期管理

出苗率达70%~80%后要及时揭膜，水分管理以控制土壤湿润为宜；若叶色变浅，可在叶片喷施0.3%尿素+0.3%过磷酸钙；定植前7~10天进行炼苗。

4. 田间管理

(1) **整地施肥** 高厢栽培，包沟按150厘米宽做厢，沟宽30厘米，沟深20厘米，厢面呈梯形，厢中间开沟施底肥。每亩撒施农家肥4000千克（或商品有机肥/微生物菌剂200千克）、复合肥料（15-15-15）100千克，厢面撒施福气多以防治线虫，覆盖120厘米宽的黑色地膜。滴灌，在膜下铺设双排孔的滴灌带，喷水孔向上，进水口的一端与主管连在一起，采用分阀控制，尾部用折叠套堵住。

(2) **定植** 一般在5月中下旬定植。定植前1~2天，用多菌灵600倍液喷施秧苗；单厢双行种植，株距40厘米，每亩定植2000~2200株。定植后浇足定根水，在根部喷灌氯氰菊酯用于防治地下害虫。

(3) **肥水管理** 缓苗后，适当控制水分，促使根系新生。定植7~10天后，用稀粪水或3%尿素水溶液进行灌根，用作提苗肥。追肥视植株长势而定，一般情况，第一穗果与第二穗果采摘后，追施复合肥20千克/亩；第三穗果至第六穗果，每次采摘后，主要以追施氮肥与钾肥为主，即尿素10千克/亩、硫酸钾10千克/亩。进入结果期后，全覆盖避雨栽培，视植株长势情况，掌握时间进行滴灌。

(4) **绑蔓摘心** 当植株长至30厘米时，搭建"人字架"及时进行绑蔓；

每一花穗留3~4个果,疏去尾部花蕾,坐果后根据留果数,留果形正常、长势均匀的果实,其余果实疏掉。主茎达6穗时摘心(后期视情况而定,再续花穗),摘心时花序顶部应留2~3片叶,植株基部的衰老叶片应摘除。

(5)**整枝** 整枝方式以单干或双干为宜,整枝、打腋芽最好在晴天气温较高时进行,一般在9:00露水干后至16:00整枝、打腋芽。单干整枝是生产上常用的方法,一般定植过密、叶片肥大、着生较密、植株开展度大的中晚熟品种,多采用这种方法进行整枝,在植株整个生育期中只留主干开花结果,其他所有的侧枝在萌发后陆续摘除。双干整枝,即在出现大花蕾之后、开花之前,保留第一花穗下的第一侧枝,使其与主干形成双干开花结果,然后将双干上着生的腋芽随着生长陆续摘除,这种整枝方法多适用于早熟、早中熟品种的早熟栽培,或叶片轻小、节间较稀、开展度不大的品种。

5. 病虫害防治

(1)**夏番茄病害** 夏番茄生长期的主要病害有病毒病、枯萎病、青枯病、早疫病、晚疫病等。

1)病毒病。该病主要由烟草花叶病毒(TMV)、黄瓜花叶病毒(CMV)等侵染所致,主要通过蚜虫传播,也可通过种子、农事活动造成的伤口传播。高温干旱、土壤黏重、排水不良等情况下发病较重。7月中旬为发病高峰。防治方法如下:

① 选用抗病品种;进行种子处理,用10%磷酸三钠浸泡40分钟,捞出冲洗后催芽。

② 加强田间管理,预防高温干旱。

③ 药剂防治,用5%植病灵水剂300倍液,或20%病毒A可湿性粉剂400~500倍液,或NS-83增抗剂100倍液,于移栽前或定植后预防。此外,注意防治蚜虫。

2)青枯病。发病初期病株白天萎蔫、傍晚以后恢复正常,气温高和土壤干燥时2~3天后全株凋萎枯死,整株保持青绿色。横切病茎,可见维管束变成褐色,并可挤出白色菌液。该病由青枯假单胞菌所致,通过雨水、灌溉水和带菌肥传播。病菌从伤口侵入,其生长的最适温度为30~37℃,一般雨后天晴、pH为6.6的微酸性土壤、连作积水地、植株有伤口等都是造成发病重的重要因素。防治方法如下:

① 农业防治，采用水旱轮作，高厢栽培，调节土壤酸碱度，每亩施石灰 50~100 千克。

② 用嫁接苗，利用野生番茄作为砧木，靠接 20 天后定植。

③ 可用 20% 噻森铜悬浮剂 300~500 倍液，或 3% 中生菌素可湿性粉剂 600~800 倍液灌根；用青枯病病菌拮抗剂 NOE-04 和 MA-7 对大苗灌根。

3）早疫病、晚疫病。早疫病主要危害苗期，成株期叶片感病也能浸染茎和果实；典型症状是有同心轮纹，潮湿时有黑色霉状物；该病由茄链格孢真菌侵染所致。晚疫病主要危害叶片、果实，也可危害叶柄和茎部；典型症状是具有暗绿色水渍状病斑，湿度大时产生白色霉状物；一般在适宜温度为 25~30℃、相对湿度为 85% 以上时开始发病。防治方法如下：

① 实行轮作，推广地膜覆盖种植。

② 药剂防治，每亩用 58% 雷多米尔可湿粉剂 60~100 克，或 72.2% 霜霉威盐酸盐水剂 600~800 倍液，或 25% 甲霜灵水剂 750 倍液，于 7 月上旬开始喷雾防治，每隔 7 天喷 1 次，连续喷 3~4 次。

（2）夏番茄虫害 夏番茄虫害很少，主要有烟粉虱、棉铃虫、烟青虫。

1）烟粉虱。烟粉虱主要吸食植物汁液，受害叶片褪绿、萎蔫或枯死，危害果实形成煤污病，易降低果实的商品性。可选择 70% 吡虫啉可湿性粉剂 7500 倍液、1.8% 阿维菌素乳油 2000 倍液、3% 啶虫脒乳油 1000~1500 倍液、25% 噻菌铜可湿性粉剂 2000 倍液交替使用进行防治，主要以喷施叶片背面为主，每隔 7 天喷 1 次，连续喷 2~3 次。

2）棉铃虫。幼虫蛀食植株的蕾、花、果实等。防治方法如下：

① 农业防治，结合田间管理整枝、打杈，去除老叶，摘除带卵、虫的叶片和果实等；可设置黑光灯或性诱剂诱捕。

② 可用 2% 甲维盐乳油 5000 倍液或 1.8% 阿维菌素乳油 2000~3000 倍液进行防治。

3）烟青虫。幼虫蛀食蕾、花、果实，啃食果皮和胎座，引起大量落果和果实腐烂。防治方法如下：

① 农业防治，结合田间管理整枝、打杈，去除老叶，摘除带卵、虫的叶片和果实等；可设置黑光灯或性诱剂诱捕。

② 花期可用 2% 甲维盐乳油 5000 倍液或 1.8% 阿维菌素乳油 2000~

3000倍液进行防治。

6. 适时采收

番茄的采收,应根据品种果实特性、商品果选用、运输的远近、包装材料等不同要求进行。采收时应重点保护果实的商品性,防止二次污染,提高商品率。距离市场近的,应采收全红或九成红的果实,增加商品果的鲜度;距离市场较远,需长途运输的,必须在果实红顶时及时采收,在运输途中自然成熟上市。采收时去掉果柄,防止果实被刺伤而降低商品质量;按照果实大小分级装运销售,切忌混采、混装、混运及混售,降低商品果的价值,影响经济收入。

第二节 甘蓝栽培管理技术

1. 品种选择

选择耐寒、耐抽薹、耐裂球、抗病性强、耐贮运、采收期长的品种,如寒胜、寒将军等。

2. 播种育苗

(1)种子处理 将种子盛在纱布袋中,置于50~55℃的温水中浸泡,随后让水温逐渐下降或转入25~30℃的温水中继续浸泡4~8小时。将浸泡后的种子放置于催芽箱或其他简易催芽器具中进行催芽,温度控制在白天28~30℃、夜间22~25℃,保持湿润和通气,当50%~60%的种子露白时即可播种。

(2)育苗场选择 育苗棚要求建在地势开阔、背风向阳、干燥、无积水、靠近水源的地块。苗床清洁干净,用高锰酸钾200~300倍液进行杀菌消毒。

(3)育苗基质 苗床土要求是肥沃、疏松、富含有机质、保水保肥力强的沙壤土;也可以采用商用育苗基质或自制育苗基质,自制育苗基质一般采用营养土:珍珠岩:蛭石为3:1:1的比例配制,将多菌灵或百菌清粉剂按1:500的比例加入配制好的基质中搅拌均匀,并用水喷湿,以手握成团、松开即散为宜,用塑料薄膜盖好备用。

（4）播种方式 采用漂浮盘或穴盘育苗，用备好的基质装盘，基质要松紧适度，湿度控制在 30%～40%，播种后用营养土或细石谷子等覆盖，厚度约为 0.5 厘米，用多菌灵液浇透水，再用黑色薄膜覆盖。

3. 苗期管理

水分管理以保持土壤湿润为宜，定植前 7～10 天进行炼苗。

4. 田间管理

（1）整地施肥 甘蓝宜采用深沟高厢栽培。每亩撒施农家肥 2500 千克（或商品有机肥/微生物菌剂 200 千克）、复合肥料（15-15-15）100 千克，混匀耙细后按 1 米厢包沟做畦，沟宽 20 厘米，沟深 15～20 厘米，畦面呈梯形。整地完成后覆膜待用。

（2）定植 苗龄 40 天左右，真叶片数为 6～8 片时即可定植。厢面种植 2 行，株距 40～45 厘米，每亩种植 3000～2400 株。

（3）追肥 生长期较长，需肥量多，氮、磷、钾肥应合理配合施用，才能形成充实的叶球。后期视莲座期、结球期情况进行追肥。

（4）中耕除草 应进行 1～2 次中耕除草，一般在甘蓝封行前天气晴朗时进行。

5. 病虫害防治

越冬甘蓝虫害较少，应加强病害防治，主要有软腐病（彩图 8）、霜霉病。

（1）软腐病 宜选用 5% 大蒜素微乳剂，或 5% 大蒜提取物微乳剂 60～80 克/亩，或 47% 春雷·王铜可湿性粉剂 800 倍液，或 50% 多菌灵水溶性粉剂 1000 倍液，或 3% 中生菌素可湿性粉剂 500 倍液，或 50% 氯溴异氰尿酸可湿性粉剂 1000 倍液喷雾防治。

（2）霜霉病 宜选用 72% 霜脲·锰锌可湿性粉剂 600～700 倍液，或 560 克/升嘧菌·百菌清悬浮剂 80～120 毫升/亩，或 70% 代森锰锌可湿性粉剂 500 倍液喷雾防治。

6. 适时采收

第二年 2～3 月即可开始采收。采收时沿甘蓝叶球基部平切，并保持 2 片外苞叶为保护层，以提高商品性。

第三章 春西瓜+秋西蓝花高效种植

【种植茬口】

西瓜：12月上旬播种育苗，第二年2月上中旬定植，5月初开始采收。

西蓝花：7月下旬育苗，9月下旬定植，12月开始采收。

以上所述为黄淮地区的茬口日期，其他地区应适时调整。

第一节 西瓜栽培管理技术

1. 品种选择

选择耐低温、抗病、低温下坐果性能好、品质优、产量高、耐裂、耐运输且综合性状好的早熟品种，如早佳8424、锦王、甜王、甜如蜜、真优美、红玉等。

2. 播种育苗

种子用28~30℃温水浸泡6小时后捞出沥干，再用干净的湿纱布分层包裹，放置在28~30℃的温度条件下催芽，经过24小时后，待60%~80%的种子露白时即可播种。

3. 苗床管理

出苗前地温为白天28~30℃、夜间15~18℃，一般3~5天后出苗，幼苗出土50%时揭去地膜，适当调光通风，降低温湿度，避免烧苗或徒长。出苗后温度白天25℃、夜间14~16℃，破心后温度白天25~28℃、夜间15~16℃。

4. 嫁接育苗

由于西瓜连年重茬，造成枯萎病害严重，必须通过嫁接培育壮苗。嫁接砧木主要有西瓜类、南瓜类、葫芦类等，嫁接砧木要综合考虑抗病性、亲和性、共生性及对西瓜品质的影响，选择合适的品种。

嫁接方法主要采用插接、劈接和靠接3种。

（1）**插接、劈接** 主要用于有籽西瓜。在育苗棚内提前5~7天播种砧木，待砧木苗大部分拱土时，再在盆或箱子内用细沙播种西瓜（预先浸种催芽），也放在育苗棚内。砧木第一片真叶出现，接穗2片子叶展开时即可插接（劈接）。

（2）**靠接** 适用于下胚轴粗壮的无籽西瓜。西瓜早播种4~5天，砧木苗子叶平展时，选取大小适宜的砧木与接穗，去掉砧木生长点后进行嫁接。嫁接后将砧木与接穗连根一起栽植于营养钵中，接口处应距离土面约3厘米。7~10天成活后，切断接穗下胚轴，10~15天后去掉嫁接夹。

5. 定植方式

（1）**施肥与做畦** 冬闲拱棚应在越冬前深耕25厘米，进行冻垡使土壤疏松。将一半的底肥进行地面撒施并翻入土中，整平地面后开沟集中施肥和做畦。

拱棚的做畦方式为平畦或小高垄，以南北向为佳。行距1.6~1.7米，垄沟宽60厘米，垄背宽1~1.1米，垄高10~15厘米。垄沟内分层施肥，肥土混合后踏实。然后顺定植行开浅沟浇水造墒，适当晾墒后平整畦面，垄背呈中间稍高的龟背型，随即覆膜提温，膜宽80厘米以上。垄距也可为3米左右，一垄双行。

底肥，一般每亩施优质圈肥5000千克或腐熟鸡粪1000~2000千克、过磷酸钙50千克、硫酸钾15~20千克、腐熟饼肥100千克。一半的有机肥随耕翻时撒施，另一半随磷、钾、饼肥施入丰产沟内。

（2）**定植** 当棚内10厘米地温稳定在13℃以上，最低气温在5℃以上时即可定植。一般拱棚栽培在2月上旬定植。

第三章 春西瓜+秋西蓝花高效种植

根据品种不同及市场需求,每亩定植550~800株。定植后适当浇水,喷施除草剂都尔后覆盖地膜。然后清扫畦面,插拱膜成小棚。全部工作结束后,扣严拱棚以提温。

6. 田间管理

(1) 温度管理 早春气温低而不稳定,定植后应采取保温增肥措施。定植后5~7天,要注意提高地温,保持在18℃以上以促进缓苗。若白天温度高于35℃,则应设法遮光降温。

缓苗后可开始通风,以调节棚内温度,一般白天不高于32℃,夜间不低于15℃,在此期间可通过开闭天窗来控制棚内温度,当瓜蔓长到30厘米左右时,可撤除小拱棚。拱棚西瓜盛花期,应保持光照充足和较高夜温,外界温度超过18℃时,应加大通风(天窗和两侧同时通风),保持白天温度不高于30℃,防止过大的日夜温差和过高的昼温。此时西瓜进入膨大期和成熟期,高昼温和日夜温差过大会导致果实肉质变劣,品质下降。

(2) 湿度管理 拱棚内空气湿度相对较高,在采用地膜覆盖的条件下,可明显降低空气湿度。一般在西瓜生长前期,棚内空气湿度较低;但在植株蔓叶封行后,由于蒸腾量大,灌水量也增加,棚内空气湿度增加。白天相对湿度一般在60%~70%,夜间达80%~90%。为降低棚内空气湿度,减少病害,可采取晴暖的白天适当晚关棚、加大空气流通等措施。西瓜生长中后期,以保持相对湿度在60%~70%为宜。

(3) 肥水管理 追肥一般每亩用硫酸钾型复合肥(15-15-15)75千克,第一次伸蔓时追复合肥(24-8-8)20千克,第二次幼瓜长到鸡蛋大时追施复合肥(18-9-18)40千克。果实定个后,为防止早衰,可喷施0.3%磷酸二氢钾1~2次,如果底肥充足,也可不再追肥。

拱棚瓜因多层覆盖,浇水量不宜过大。一般在缓苗后,如果地不干,可以不浇水;若过干时,可顺沟浇1次透水。在伸蔓期,可浇2次水,水量适中即可。幼瓜长到鸡蛋大小后,进入膨大期,可3~4天浇1次水,促进幼瓜膨大。采收前5~7天停止浇水,促进糖分转化,提高品质。

(4) 光照及气体成分的调节 西瓜要求较强的光照强度,应选用透光性好的无滴膜,保持膜面洁净。要严格整枝,及时打杈和打顶,使架顶叶片距离棚顶薄膜30~40厘米，防止行间、顶部和侧面郁闭。

由于拱棚内施肥量大，温度高，而拱棚密闭，常造成氨等有害气体积累，使植株受害。要采取通风换气的方法，保持棚内空气新鲜。拱棚密闭期间，为提高棚内二氧化碳浓度，补充棚内二氧化碳含量的不足，可进行二氧化碳施肥。

（5）整枝　拱棚密植条件下，要实行较严格的整枝。当伸蔓后，主蔓长到30~50厘米时，侧蔓也明显伸出。当侧蔓长到20厘米左右时，从中选留1个健壮侧蔓，其余全部去掉，以后在主、侧蔓上长出的侧蔓及时摘除。在坐瓜节位上再留10~15片叶即可打顶。整枝工作主要在瓜坐住以前进行，在去侧蔓的同时，要摘除卷须。

（6）人工授粉　由于棚内西瓜的开花习性，应在8:00~9:00进行授粉。阴天雄花散粉晚，可适当延后。为防止阴天雄花散粉晚，可在前一天下午将第二天能开放的雄花取回，放在室内干燥温暖的条件下，使其第二天上午按时开花散粉，再用此花给雌花授粉。应从第二雌花开始授粉，以便留瓜。

7. 病虫害防治

春西瓜的主要病害有猝倒病、根腐病（彩图9）、枯萎病（彩图10）、炭疽病、白粉病等，主要虫害有蚜虫、白粉虱等。

（1）猝倒病　注意清洁床土，或播种前用75%敌磺钠湿粉800倍液喷洒床土，也可用铜铵合剂防治。此外，25%甲霜灵可湿性粉剂800~1000倍液、60%噁霜·锰锌可湿性粉剂500倍液、72.2%霜霉威盐酸盐水剂400~600倍液、69%安克锰锌水分散粒剂或可湿性粉剂1000~1200倍液等均可用于防治该病。发病初期喷雾或浇淋，每隔7~10天喷1次，连喷2~3次。

（2）根腐病　种植前，选择抗病、耐寒和耐雨水的西瓜品种，将种子先消毒再种植，科学管理苗床；其次就是瓜田要选择在地势较高的地方，深翻平整土地，开好排水沟，保持良好的通风透光性；在采收完毕后要及时清除病叶、病果，进行集中烧毁或深埋，尽量不要重茬种植，有条件的可以与十字花科、百合科蔬菜实行3年以上轮作。

（3）枯萎病　每亩分别用40%超微多菌灵或40%拌种双或75%百菌

清可湿性粉剂 2~2.5 千克，掺 50 倍细土拌匀后施入定植穴内；发病初期用 4% 嘧啶核苷类抗菌素水剂 200~400 倍液，或 5 亿 CFU/克多黏类芽孢杆菌 KN-03 悬浮剂 3~4 升/亩，或 1% 申嗪霉素悬浮剂 500~1000 倍液，或 25% 咪鲜胺乳油 750~1000 倍液灌根。

（4）炭疽病　一是可选用抗病品种；二是种子消毒，用 55℃ 的温水浸泡 30 分钟；三是田间防治，可用 50% 多菌灵可湿性粉剂 800 倍液，或 70% 甲基托布津可湿性粉剂 500 倍液喷雾，每隔 7~10 天喷 1 次，特别应注意雨后必须补喷 1 次。

（5）白粉病　可采用 430 克/升戊唑醇悬浮剂 5000 倍液进行防治，间隔 7~10 天再次进行防治即可；也可选用 20% 三唑酮乳油 1000 倍液或 40% 灭病威悬浮剂 300~400 倍液等杀菌剂喷雾防治，注意各种杀菌剂交替使用。喷施时应做到水量充足，叶片背面都要喷施，全田应均匀喷施，防止漏喷。

（6）蚜虫　用肥皂溶液可消除多种类型的田间害虫，包括西瓜上的蚜虫。在 3.5 千克水中混合 160 毫升洗洁精，摇匀，然后喷洒所有叶片，正面、背面都要喷到。

（7）白粉虱　由于白粉虱世代重叠，在同一时间同一作物上存在各种虫态，而当前没有对所有虫态都有效的药剂，所以采用药剂防治时须连续几次用药，可用药剂有 10% 噻嗪酮乳油 1000 倍液或 25% 灭螨猛乳油 1000 倍液。

8. 适时采收

5 月初陆续采收。采瓜时间宜在上午，避免西瓜内部温度过高而影响储存，可有效延长西瓜的储存时间。为了提升西瓜的甜度，应避免在灌溉后的 3 天内进行西瓜的采收。

第二节　西蓝花栽培管理技术

1. 品种选择

早熟品种可选用炎秀、台绿 6 号等，中晚熟品种可选用台绿 1 号、台绿 3 号、绿雄 90 等，晚熟品种可选用台绿 5 号、阳光等。

2. 育苗

（1）土壤育苗 选用地势高、不易淹水、排灌方便、土壤肥沃，2年内未种过十字花科蔬菜的田块作为苗床。采用撒播育苗，每15克种子需播种苗床10米^2，撒播前20天翻耕晒土，干旱天气在撒播前要浇足底水。

（2）穴盘育苗 提倡使用穴盘育苗。可选择72孔或108孔的穴盘，基质可选用金色3号或康成美农等不带根肿病病菌的商品基质。播种前准备好基质，向基质中加水和多菌灵（250克/米^3），拌匀，其含水量达到手握成团、松手即散的状态时即适宜。将准备好的基质倒入穴盘中，稍微压实，用木板条从穴盘的一方刮向另一方，保证每个孔穴中都装满基质，装好基质的穴盘孔用工具压穴。用配套的负压式播种机取种后对准孔穴，每穴播1粒种子，播种后立即在苗床上摆盘，摆盘时注意穴盘平整，摆好的穴盘及时覆盖基质并用刮板刮平。全部播种完后用遮阳网覆盖穴盘，然后浇水，第一次浇水需浇透，检查苗床每个角落的穴盘，确保都浇到水。

3. 苗期管理

播种后2~3天会陆续出苗，要及时去掉覆盖的遮阳网，以防徒长和伤苗。在种子拱土阶段，应严格控制水分，一般不用浇水，以保持较低的湿度环境。出苗3天后浇水，苗期要注意预防猝倒病和立枯病的发生。要遵循不干不浇、浇则浇透的原则，阴雨天气可以延长浇水间隔时间，水分过多易造成徒长。观察幼苗长势，及时补充肥料，一般在3叶期用0.5%水溶肥（20-20-20）溶液浇施，移栽前可以用1%水溶肥，施肥后及时浇水，防止烧苗。

定植前要进行炼苗，对提高成活率、减少缓苗时间、提高定植后的抗逆性十分有利，炼苗措施包括断根、控制水分、适当光照。

遇台风暴雨时，在毛竹片之间打好木桩，把尼龙薄膜集拢压在地边，两边用纤维绳将遮阳网或防虫网系牢在木桩上，并用固定在木桩上的尼龙绳横向压牢遮阳网。台风暴雨过后及时排水，并用适宜的药剂防病2~3次。

穴盘育苗生长到4~5片叶、土壤育苗生长到5~7片叶就可移栽。秧苗要求植株粗壮，叶片厚，叶色绿，根系发达，无病虫害。

4. 定植

一般在移栽前每亩土壤用商品有机肥100千克、复合肥（15-15-15）40千克、硼砂1千克，撒施后深翻30~35厘米，做到深沟高畦，沟渠相通。畦宽3米，沟宽30~40厘米，每畦种5~6行，株距40~45厘米；或准备70厘米×70厘米的平畦，每畦种2行，株距40~45厘米。定植后浇定根水。

5. 田间管理

一般田块除施足底肥外，追肥分3~4次进行，第一次在定植后10天左右每亩施尿素10千克；第二次在第一次施肥后15~20天每亩施尿素10千克+氯化钾或硫酸钾10千克；现蕾时每亩施45%复合肥30千克+尿素10千克+氯化钾10千克；并用硼肥和钙肥进行根外追肥2~3次；低温期积极采用高浓度叶面肥。还要采收侧球的田块，在顶球采收后，每亩施尿素10~15千克。

定植后3~4天每天浇1次水，成活后控制浇水，之后保持土壤见干见湿，遇干旱时每5~6天浇1次水。大雨过后及时排水，防止田间积水。结球期保持土壤湿润。采收前7天控制浇水，减少花球含水量。

6. 病虫害防治

秋西蓝花的主要病害有黑腐病（彩图11）、软腐病（彩图12）、霜霉病、菌核病，主要虫害有蚜虫、小菜蛾、斜纹夜蛾、菜青虫、甜菜夜蛾、菜螟等。

（1）**黑腐病** 用50%琥胶肥酸铜可湿性粉剂按种子重量的0.4%拌种，或喷施50%代森锌600倍液，或50%代森铵水剂1000倍液，或4%春雷霉素水剂60~80毫升/亩进行防治，每隔7~10天喷1次，连喷2~3次。

（2）**软腐病** 可选用47%春雷·王铜可湿性粉剂80~100克/亩，或20%噻菌铜悬浮剂500~800倍液，或50%代森铵水剂800~1000倍液，或90%新植霉素可溶性粉剂3500~4000倍液，或77%氢氧化铜粉剂600~800倍液，或14%络氨铜水剂350~500倍液喷雾防治。

（3）**霜霉病** 可浇施75%百菌清可湿性粉剂600倍液，或60%唑醚·代森联水分散粒剂50~60克/亩，或65%代森锌可湿性粉剂400~600

倍液，或25%甲霜灵可湿性粉剂800~1000倍液，也可用70%乙锰可湿性粉剂500倍液或58%甲霜·锰锌可湿性粉剂500倍液喷雾防治。

（4）**菌核病**　可选用50%异菌脲悬浮剂1000倍液，或40%菌核净可湿性粉剂1000倍液，或50%多菌灵可湿性粉剂500倍液，或2%菌克毒克水剂200~250倍液，或50%甲霉灵可湿性粉剂800倍液喷雾防治，每隔7~10天喷1次，连喷2~3次。

（5）**蚜虫**　用10%吡虫啉可湿性粉剂1000倍液或50%抗蚜威可湿性粉剂1500倍液喷雾防治。

（6）**小菜蛾、斜纹夜蛾**　用15%茚虫威乳油3500倍液喷雾防治。

（7）**菜青虫**　用2.5%溴氰菊酯悬浮剂2500倍液或20%氰戊菊酯乳油2000~3000倍液喷雾防治。根据病虫情况，积极采用蛾类性诱剂、灯光等防虫方法，应明确害虫取食特性，有针对性地用药，尽量减少用药量，严格遵守农药安全间隔期。

7. 适时采收

根据商家对规格的要求适时采收。商家要求花茎加长1~2厘米时，用不锈钢刀具收割，将花球连上部外叶割下，用箩筐装运，严防损伤；注意保持蔬菜清洁；采收后及时销售，防止失水。

第四章 春空心菜/甜玉米+秋番茄高效种植

【种植茬口】

空心菜：5~10月播种，约30天可采收1茬。

甜玉米：5~6月播种，8~9月采收。

番茄：9月上旬~10月下旬育苗，10月上旬~11月下旬定植，第二年1月下旬~5月中旬可持续采收。

以上所述为江南地区的茬口日期，其他地区应适时调整。

第一节 空心菜栽培管理技术

1. 品种选择

推荐使用福州本地的三叉空心菜、白杆空心菜和台湾竹叶空心菜种子。

2. 播种育苗

（1）清洁田园，开沟做畦 将上一茬作物的病残枝整理出来，做深埋、焚烧等无害化处理，以减少田间病虫害来源。每亩施用腐熟有机肥1500千克、复合肥（15-15-15）25千克，机械深耕25厘米，将腐熟有机肥、复合肥和土壤打散混匀。播种前1周整地，将畦面耙平，畦宽1.2米，沟宽30厘米。

（2）播种 空心菜种子颗粒较大，以撒播为主，三叉空心菜和白杆空心菜每亩用种量为10千克左右，台湾竹叶空心菜为15千克左右。

（3）苗期管理 种子均匀撒播，播种完后用腐熟的秕谷和鸡鸭粪混合有机肥或细土盖种，防止大量喷水后土壤板结，覆盖厚度为0.5厘米左右，然后再喷洒60%丁草胺800倍液防除杂草。夏季温度较高，一般3~5天即可出芽。

3. 田间管理

（1）温湿度管理 播种后在两畦中间铺设微喷带，喷淋透底水，空心菜需水量较大，整个生长期要保持土壤湿润状态。播种后，除保留顶棚遮雨，四周的棚膜必须卷起来或干脆拆除，防止棚内温度过高、湿度过大而灼伤嫩叶和嫩芽，如有必要可直接向顶棚喷水降温，确保白天温度低于40℃。早晚各喷1次水，水量要足，棚内湿度保持在80%左右。

（2）肥水管理 生长期一般追肥1次，在苗期3~4片真叶时，每亩混合施用复合肥（15-15-15）15千克+尿素3千克。由于播种后使用60%丁草胺乳油防治杂草，生长期植株生长速度比杂草快，封垄后田间杂草不多，可不必除草中耕。

4. 病虫害防治

（1）轮纹病（彩图13） 该病为早春空心菜的主要病害。在空心菜的叶片上产生褐色近圆形病斑，病斑上有深褐色的轮纹。低温多湿的情况下发病严重。在轮纹病发病初期，用70%甲基硫菌灵可湿性粉剂800倍液或30%代森锰锌悬浮剂800倍液+70%甲基硫菌灵可湿性粉剂1000倍液混合液，或75%百菌清可湿性粉剂600倍液，或50%甲基硫菌灵·硫黄悬浮剂700倍液，或70%代森锰锌干悬粉500倍液，或50%混杀硫悬浮剂500倍液等药剂防治，隔7天再喷1次，采收前7天停止用药。

（2）白锈病（彩图14） 发病初期用25%甲霜灵可湿性粉剂800倍液，或50%甲霜铜可湿性粉剂600倍液，或58%甲霜灵·锰锌可湿性粉剂500倍液，或69%安克锰锌水分散粒剂800倍液，或40%乙磷铝可湿性粉剂200倍液，或68%精甲霜·锰锌水分散粒剂800倍液，或25%嘧菌酯悬浮剂1500倍液，或72%霜脲·锰锌可湿性粉剂600倍液防治，严重多发地区隔7天再喷1次。

（3）猝倒病 发病前或发病初期用72.2%霜霉威盐酸盐水剂400倍液防治。发病时用75%百菌清可湿性粉剂600倍液，或70%代森锰锌可湿性粉剂500倍液，或58%甲霜灵·锰锌可湿性粉剂500倍液，或38%噁霜嘧铜菌酯水剂800倍液，或72%霜脲·锰锌可湿性粉剂600倍液，或69%烯酰吗啉·锰锌可湿性粉剂或水分散粒剂800倍液防治。

（4）斜纹夜蛾 于幼虫3龄前用90%敌百虫晶体1000倍液，或21%氰戊·马拉松乳油6000倍液，或50%氰戊菊酯乳油4000倍液，或20%菊马乳油2000倍液，或20%灭扫利乳油3000倍液，或20%虫酰肼悬浮剂25~42毫升/亩，或10%氯氰菊酯乳油2000倍液喷雾防治。

（5）黄曲条跳甲 在成虫始盛期选择10%高效氯氰菊酯乳油2000倍液，或2.5%溴氰菊酯乳油2000倍液，或20%氰戊菊酯乳油2000倍液等交替或混合使用。

5. 适时采收

三叉空心菜和白杆空心菜一般在株高35厘米左右时可一次性采收上市，也可以分2次采收，第一次采收时基部留3~4节，侧枝长起来后再采收1次。春季播种到采收需要60天，夏季播种到采收则只需要30天左右。台湾竹叶空心菜一般可以连续采收2次，当株高30厘米以上时，进行第一次采收，基部留2~3节，以后采收侧枝。所有品种每采收1次均需每亩追施复合肥10千克。

第二节 甜玉米栽培管理技术

1. 隔离种植

甜玉米由于其甜度较高、口感柔嫩清甜，容易受其他玉米花粉的影响而降低品质，应与普通玉米或其他类型的玉米隔离种植，以免串粉。玉米是风媒传粉，可采用空间隔离和时间隔离种植，以空间隔离种植效果最好。采用空间隔离种植，一般无遮挡的平原地区隔离距离为500米以上；如有树林、山丘、河流、公路、房舍和其他建筑等高度较高的天然屏障，隔离距离可适当缩短。如果采用时间隔离种植，两个品种的播种期应相差30天以上，以两个不同品种的玉米花期不会相遇为原则。

2. 选种整地

甜玉米属于禾本科作物，隔年陈种发芽率不高，采用直播后间苗、定苗方式种植的，为了避免不必要的损失，最好选择颗粒较为饱满的新种子，确保每个穴都有植株，否则后期补苗植株过多，会造成植株参差不齐，同一块地植株无法统一采收；采用育苗移栽方式种植的，可以适当放宽条件，定植时淘汰病残弱苗，选用长势相当的小苗即可。

由于甜玉米籽粒中淀粉含量少，发芽和拱土能力较弱，因此在种植时要确保土质疏松、肥力好、墒情好、灌排方便。每亩可配制优质腐熟厩肥1500千克，加过磷酸钙15千克和尿素15千克，充分混合沤熟后作为底肥，整地前施用，混匀后做畦。每棚整3畦，每畦宽度为1米，中间沟宽50厘米，拱棚两侧边沟宽为1米，方便作业。

3. 播种

播种要精细，做到细播、浅播，采用直播后间苗、定苗种植方式的，每穴播2~3粒，播种深度比普通玉米略浅，一般覆土厚2~4厘米，确保每粒种子都能够正常出土。由于种植甜玉米是为了在市场上出售鲜嫩果穗或作为工业原料加工罐头食品，不能等甜玉米完全老熟时才采收上市，对采收时间有较为严格的限制，与种植普通玉米完全不同；而且甜玉米采收后不能久放，呼吸作用会大量消耗玉米果穗的营养成分，进而影响甜玉米的口感和商品性。因此，种植甜玉米时要根据自身的销售能力、市场的需要量和工厂加工能力进行分期播种，最好不同成熟期的品种互相搭配种植，分批上市，以提高经济效益。

4. 合理密植

种植密度依品种特性、土壤肥力、播期早晚、种植方式而定，同时注意果穗的商品性。植株较为矮小的品种可以适当密植，每株只留1苞；植株高大的品种可以种得稀疏一点，每株留2苞。通常播种行距为60厘米，株距为35厘米。3~4片真叶时进行间苗、移苗，一般中等肥力的土壤，每亩保留3500株为宜。早熟品种可种密些，晚熟品种可种稀些。

5. 田间管理

（1）补苗定苗 出苗后，应及时查苗补苗，当幼苗具有3~4片叶时

第四章 春空心菜/甜玉米+秋番茄高效种植

间苗，4~5片叶时定苗。间苗、定苗的原则是除大、除小、留中间，除弱、除残、留壮苗，以保证全田幼苗健壮且均匀一致。

（2）中耕追肥 每次追肥前应中耕除草，中耕时注意平、碎、松，不伤幼苗。苗期达5~6片真叶时和拔节期各追施尿素10千克、氯化钾7千克，大喇叭口期追施复合肥（30-0-5）20千克、氯化钾5千克。如果沟里有安装微喷带，则可以把尿素直接施放在离玉米根部10厘米处，然后打开开关直接喷水助溶；如果没有微喷带，则建议先把尿素稀释后再进行逐株浇灌。

生长期应视植株生长情况适量添加微量元素作为叶面肥。如果生长期叶片发黄透亮，则应在喷施农药时添加叶面肥，确保植株不会缺素。特别是大喇叭口期的植株对肥料需求较大，更应该注意喷施叶面肥，保证植株的正常生长。

（3）水分管理 在苗期、大喇叭口期和灌浆期要保证水分充足，如果遇缺水应及时灌水，其他时间看到玉米叶片在没有病害的情况下有卷曲现象，也应及时灌水。

（4）去雄 及时去雄是保证甜玉米高产、优质的一项关键栽培技术，去雄过早，容易带出顶叶；去雄过晚，营养消耗过多，则失去去雄的意义。若采收玉米笋，应在雄穗超出顶叶而尚未散粉时去雄；若采收甜玉米嫩穗，应在雄穗散粉3天后去雄。

6. 病虫害防治

（1）茎基腐病 发病初期用50%多菌灵可湿性粉剂500倍液，或65%代森锰锌可湿性粉剂500倍液，或70%百菌清可湿性粉剂800倍液，或20%三唑酮乳油3000倍液，或50%苯菌灵可湿性粉剂1500倍液喷雾防治。发病中期使用98%噁霉灵可溶粉剂2000倍液灌根。

（2）根腐病 播种前采用咯菌腈悬浮种衣剂包衣，发病后用72%霜脲·锰锌可湿性粉剂600倍液，或58%甲霜·锰锌可湿性粉剂500倍液喷施玉米苗基部或灌根。

（3）顶腐病 发病初期可用50%多菌灵可湿性粉剂500倍液，或80%代森锰锌可湿性粉剂800倍液，或5%菌毒清水剂200倍液等药剂对心喷雾，扭曲的心叶需用刀纵向剖开。

（4）旱螺、蛞蝓　可以在玉米播种后施放四聚乙醛（灭旱螺、密达）防治。

（5）灰飞虱　幼虫期可用10%吡虫啉可湿性粉剂1500倍液，或10%氯氰菊酯水乳剂2000倍液，或25%噻虫嗪水分散粒剂1000倍液，或3%阿维·啶虫脒乳油1500倍液，或22%氟啶虫胺腈悬浮剂1000倍液，或50%噻虫胺水分散粒剂2000倍液，或25%噻嗪酮可湿性粉剂1000倍液，或40%啶虫脒水分散粒剂3000倍液，或10%吡丙·醚乳油1000倍液，或5%高氯·啶虫脒可湿性粉剂2000倍液防治。

（6）蓟马　幼虫期可用10%吡虫啉可湿性粉剂1500倍液，或50%氰戊菊酯乳油4000倍液，或0.3%印楝素乳油400倍液防治。

（7）黏虫　幼虫3龄前可用20%杀灭菊酯乳油800倍液，或20%甲氰菊酯乳油1000倍液，或10%吡虫啉可湿性粉剂2000倍液喷雾防治，也可用灭幼脲3号防治。

（8）二点委夜蛾　可用4%高氯·甲维盐微乳剂1000倍液喷雾防治，也可用10%氯氰菊酯悬浮剂2000倍液，或4.5%高效氟氯氰菊酯乳油2500倍液灌根防治。

（9）玉米螟　利用白僵菌菌沙（每亩用30克+2千克细沙）点心，防治心叶期玉米螟危害，在小喇叭口期施药效果最好，超过中喇叭口期则效果降低；或每亩用1%杀螟灵颗粒剂250克或3%辛硫磷颗粒剂250克均匀拌入4千克细沙，或用25%杀虫双水剂200克拌细土5千克，制成毒土；或在玉米心叶期末，用90%晶体敌百虫1000倍液灌心，每株灌毒液10毫升；或用25%杀虫双水剂500倍液灌心，每株灌毒液10毫升。

7. 适时采收

甜玉米的采收时间对其商品品质和营养品质影响极大。过早采收，籽粒内含物较少；过晚采收，则果皮变硬、渣多，口感降低，失去甜玉米特有清甜多汁的风味。一般来说，适宜的采收期以果穗授粉后20～23天为宜，若以加工罐头为目的，可早收1~2天，以出售鲜穗为主的，可晚收1~2天。

第四章 春空心菜/甜玉米+秋番茄高效种植

第三节　番茄栽培管理技术

1. 品种选择

番茄大部分品种耐低温能力有限，必须选择耐低温或者对低温不敏感的抗病优良番茄品种。若以福州地区为例，这里冬季低温高湿，极容易发生灰霉病，故而所选择的品种如果具有灰霉病的抗性，则可以极大节省种植成本，提高经济效益，适合福州地区栽培的番茄耐低温品种较多，国产的有浙杂203等，进口的有倍盈和冬暖等。

2. 整地施肥

在福州地区，冬春季节温度低、雨水多、湿度大，因此整地时必须在拱棚四周挖深沟，方便排水。每个拱棚建设时长度最好不要超过50米，便于棚内空气的流通，防止棚内湿度过高。标准棚宽度为6米，中间分3个较大的畦，每畦宽度为85厘米；两边各分1个小畦，每畦宽度为60厘米，由于拱棚四周有深沟，畦高15厘米左右即可。由于番茄生长期较长，底肥最好使用腐熟的鸡鸭粪便或者其他有机肥，一般每亩施用2500千克左右，复合肥（15-15-15）50千克左右。地整好后应及时覆盖地膜，保水保墒。

3. 播种育苗

为了更合理地利用土地，防止台风等恶劣天气对幼苗的影响和方便后续嫁接等工作，需要选择有遮雨设施且经过消毒的地块作为苗床，把草炭土、珍珠岩和蛭石按照3∶1∶1的比例混合，1米^{3}混合物加0.5千克复合肥，混匀后装入穴盘或营养钵内。播种前要把穴盘或营养钵充分浸泡，播种后覆盖薄薄的一层粉碎草炭土，以保证出芽率。农历七月下旬至九月上旬可播种。使用前茬种植茄果类的土地时最好使用嫁接苗。如果嫁接技术不行，可以直接找苗场订购嫁接好的番茄苗，省时省力，而且效益更好。

4. 定植

农历八月中旬至十月上旬，选择晴天时定植。定植前先抠地膜，株距为40厘米，行距为35厘米。带土移植的穴盘苗或营养钵苗在定植后浇适量水作为定根水即可，非带土移植的苗则应在定植后浇足稀人粪尿或薄肥水作为定根水。

5. 田间管理

（1）搭架整枝 鉴于棚内种植密度较大，搭架时常用吊绳或搭井字架，整枝方式只能采用单干整枝，防止枝叶过密，便于采光和通风，减少病虫害的发生。而人字架常常会导致下部空间通风不良，增加管理成本。

（2）肥水管理 由于整地时施用的底肥是缓释性肥料，为了让幼苗在缓苗后能够迅速生长，必须另外追施氮肥2次。定植缓苗后每亩追施磷酸二铵或尿素10千克。第一花序开花前后每亩施用高氮复合肥（24-8-8）15千克，第三花序开花时每亩施复合肥（15-15-15或18-9-18）20千克，第五花序开花时每亩施复合肥（15-15-15或18-9-18）20千克。另外，可以在喷施农药时结合喷施含有微量元素的海藻螯合微量元素叶面肥，以使植株长势更旺盛，同时也可以增强植株的抗病虫能力。阴雨天时不得喷施农药和叶面肥，防止棚内湿度过高，引起灰霉病暴发。

（3）温湿度调节 生长前期，由于福州地区温度较高，只需要盖顶棚，不需要盖裙脚膜，拱棚两头保持通风。生长中期，由于温度逐渐降低，需要盖顶棚和裙脚膜，晚上封棚；白天出太阳后，9:00~16:00打开拱棚两边进行通风，同时降低棚内湿度。低温阴雨天气则需要一直封棚，保持棚内温度，防止冷害；如果棚内夜间温度低于10℃则需要采取加温措施，如烟熏、白炽灯加热和棚外加盖稻草帘等。果实开始采收后，应一边采收，一边把失去功能的黄叶打掉，以保证植株下部空气的流通，同时让果实能够得到更充足的养分供应。

6. 病虫害防治

（1）青枯病 选用高抗青枯病砧木嫁接，采用高畦栽培，拱棚四周挖深沟，避免大水漫灌。另外，可以每亩施用生石灰150千克来调节土壤pH，减少病菌；也可在发病初期用77%氢氧化铜可湿性粉剂500倍液或50%代森锌可湿性粉剂1000倍液防治。叶面喷施的同时可用77%氢氧化铜可湿性粉剂1000倍液灌根。

（2）早疫病 发病初期可用80%代森锰锌可湿性粉剂600倍液，或75%百菌清可湿性粉剂600倍液，或58%甲霜·锰锌可湿性粉剂500倍液防治；也可以每亩用45%百菌清烟剂或10%腐霉利烟剂200克防治。

（3）晚疫病　发病初期可用58%甲霜·锰锌可湿性粉剂600倍液，或72.2%霜霉威水剂600倍液，或40%乙磷铝可湿性粉剂200倍液，或40%甲霜铜可湿性粉剂800倍液防治；也可以每亩用45%百菌清烟剂或10%腐霉利烟剂200克防治。

（4）灰霉病　发病初期用25%嘧菌酯悬浮剂1500倍液，或40%施佳乐乳剂1500倍液，或50%异菌脲可湿性粉剂1000倍液，或50%腐霉利可湿性粉剂800倍液喷雾，每隔7天喷1次，连喷2~3次。也可以每亩用10%腐霉利烟剂200克防治，每隔7天熏1次，连熏2~3次。

（5）病毒病　播种前用0.1%高锰酸钾浸种30分钟，或选用高抗病毒病的品种。应及时防治蚜虫和白粉虱，防止病毒传播。发病初期选择20%病毒A可湿性粉剂500倍液，或1.5%植病灵乳剂800倍液，或20%病毒快杀800倍液，或24%混脂酸·铜水剂800倍液，或20%吗啉胍·乙铜可湿性粉剂500倍液，或2%宁南霉素水剂500倍液，或5%菌毒清水剂400倍液等交替或混合使用，每隔7天喷施1次，连续防治2~3次。

（6）蚜虫　用20%灭杀菊酯乳油1500倍液，或3%阿维·啶虫脒乳油1500倍液进行叶面防治；也可用10%吡虫啉可湿性粉剂1500倍液，或20%甲氰菊酯乳油2000倍液，或抗蚜威可湿性粉剂1500倍液，或2.5%三氟氰氯菊酯乳油2500倍液，或20%氰戊菊酯乳油2000倍液，或21%啶虫脒可溶性液剂2500倍液等交叉喷雾防治。

（7）白粉虱　用10%吡虫啉可湿性粉剂2000倍液，或25%噻虫嗪水分散粒剂1000倍液，或3%阿维·啶虫脒乳油1500倍液，或22%氟啶虫胺腈悬浮剂1000倍液，或50%噻虫胺水分散粒剂2000倍液，或25%噻嗪酮可湿性粉剂1000倍液，或40%啶虫脒水分散粒剂3000倍液，或10%吡丙·醚乳油1000倍液，或5%高氯·啶虫脒可湿性粉剂2000倍液防治。拱棚内可以使用烟剂，如10%氰戊菊酯烟剂、15%吡·敌敌畏烟剂，使用发烟机施放烟雾，闷棚防治。

（8）美洲斑潜蝇　用5%氟虫脲乳油2000倍液，或1.8%阿维菌素乳油3000倍液，或10%吡虫啉可湿性粉剂1000倍液，或18%杀虫双水剂300倍液，或10%氯氰菊酯乳油3000倍液，或2.5%三氟氯氰菊酯乳油

2000倍液防治，间隔4~6天喷防1次，连续防治4~5次。防治成虫以8:00施药最好，防治幼虫以1~2龄期施药最佳。

（9）棉铃虫　低龄幼虫出现时，直接使用药剂杀灭，用16000国际单位/毫克Bt乳剂2000倍液，或5%高效氯氰菊酯乳油2000倍液，或2.5%联苯菊酯乳油3000倍液，或20亿PIB/毫升棉铃虫核型多角体病毒800倍液，或20%氰戊菊酯乳油2000倍液防治。

7. 适时采收

冬春季温度较低，棚内光照不足导致番茄转色较慢，必须等番茄完全转色再采收，以免影响番茄的商品性。

第五章　早春大白菜+越夏黄瓜/番茄+秋延迟芹菜高效种植

【种植茬口】

大白菜：12月中旬播种育苗，第二年1月中下旬定植，3月下旬~4月初采收。

黄瓜：4月下旬播种育苗，5月下旬定植，7月上旬开始采收，9月下旬拉秧。

番茄：3月下旬播种育苗，5月上旬定植，7月中旬开始采收，9月下旬拉秧。

芹菜：7月中下旬播种，9月上旬移栽，11月下旬采收。

以上所述为黄淮地区的茬口日期，其他地区应适时调整。

第一节　大白菜栽培管理技术

1. 品种选择

选择抗病、耐冷、不易抽薹且优质、高产、适合市场需求的品种，如菊锦、强春、强势、鲁春白1号等。

2. 播种育苗

采用穴盘育苗，基质配方可用草炭∶蛭石∶珍珠岩为5∶3∶1，或发酵牛粪∶稻壳∶珍珠岩为2∶1∶1，将基质消毒后装入50孔或72孔穴盘中。若采用土壤育苗,应选择2年内没有种植过十字花科蔬菜的地块,做成宽1.2~1.5米的平畦。播种前先用10%磷酸三钠溶液浸种10分钟,或用50%多菌灵可湿性粉剂500倍液浸种2小时,或用福尔马林300倍液浸种30分钟,捞出后用清水洗净,晾干表层水分后播种。

采用基质育苗时,先将穴盘中的基质浇透水,待水渗下后,将种子点播于穴盘内,每穴播1粒,播种深度为0.5厘米,播种后覆盖消毒的蛭石。采用土壤育苗时,先浇透底水,待水渗下后均匀撒播,然后覆盖湿润细土厚0.5~1厘米,每亩用种量为100~150克。播种后保持苗床温度为白天20~24℃、夜间15~18℃,2天可出苗。幼苗出齐后将温度控制在白天18~22℃、夜间12~16℃。为了避免幼苗徒长,应控制浇水,保持空气湿度在60%~80%。幼苗长至4~5叶进行大温差炼苗,温度控制在白天22~25℃、夜间10~12℃。当幼苗长至株高20厘米左右、4~5片真叶时,选择幼茎粗壮、叶色深绿、根系发达、无病虫害和机械损伤的壮苗定植。

3. 定植

选择排灌良好,土层深厚、肥沃、疏松的中性土壤。定植前将前茬作物清除干净,密闭棚室,用百菌清、二甲菌核利等烟剂杀菌消毒。然后撒施优质腐熟的有机肥3~5米^3/亩、复合肥(15-15-15)20~30千克/亩,深翻25~30厘米,耙平后起垄(高20厘米左右)或做畦。定植行距50~60厘米,株距40厘米左右。定植时在垄顶划10厘米左右的浅沟,顺沟浇50%多菌灵可湿性粉剂500倍液或50%苯菌灵可湿性粉剂800倍液,药液渗下后按株距放苗,封垄后浇透定植水。栽植深度以埋至第一片真叶下方为宜。

4. 田间管理

1~2月以保温为主,可采用多层薄膜覆盖,且保持棚膜清洁,最外层用透光率为85%左右的紫色或红色无滴棚膜覆盖。温度控制在白天20~25℃、夜间12℃以上,以防通过春化而出现先期抽薹的现象。3月随着气温升高,可逐渐加大通风量和延长通风时间,温度控制在白天20~26℃、夜间12~18℃。早春大白菜生长前期气温、地温低,应尽量减少浇水次数。莲座初期结合浇水,每亩施复合肥(15-15-15)15~20千克。3月15天左右浇1次水。团棵期施尿素15~25千克/亩;结球期随水撒施复合肥(15-15-15)30~50千克/亩。每隔15天喷施1次10毫摩尔/升氯化钙,可预防干烧心。

5. 病虫害防治

早春大白菜的主要病害有霜霉病、根肿病(彩图15)、软腐病(彩图16)、干烧心等,主要虫害有蚜虫、菜青虫、小菜蛾、甜菜夜蛾等。

(1)农业防治 选用抗病、抗逆品种;选择2年内未种过十字花科蔬菜的田块种植;定植时采用高垄或高畦栽培,并通过放风、地面覆盖等措施,控制各生育期的温湿度,减少或避免病害发生;增施充分腐熟的有机肥,减少化肥用量;清除前茬作物残株,降低病虫基数;拔出病株,并集中进行无害化销毁。

(2)物理防治 在拱棚门口和放风口设置40目(孔径约为425微米)以上的银灰色防虫网;同时在棚内悬挂25厘米×40厘米的黄色粘虫板诱杀蚜虫、粉虱等害虫,每亩悬挂30~40块,悬挂高度与植株顶部持平或高出10厘米。

(3)生物防治 可用2%宁南霉素水剂200~250倍液预防病毒病,用0.5%印楝素乳油600~800倍液喷雾防治蚜虫、粉虱等。

(4)化学防治 可于定植前在垄(畦)面撒施五氯硝基苯1.5~3千克/亩,也可用75%五氯硝基苯可湿性粉剂700~1000倍液防治根肿病,移植前则每穴浇0.25~0.5千克药液,或在田间发现少量病株时用药液浇灌;可用72%新植霉素可湿性粉剂4000倍液喷雾防治软腐病;可用25%嘧菌酯悬浮剂1500倍液,或68.5%氟菌胺·霜霉威悬浮液1000~1500倍液,或52.5%噁酮·霜脲氰水分散粒剂2000倍液喷雾防治霜霉病;可在莲座期和结球期喷洒0.7%氧化钙和2000倍萘乙酸混合液,或0.2%氯化钙溶液,或0.7%硫酸锰溶液防治干烧心,每隔7~10天喷1次。可用25%噻虫嗪水分散粒剂2500~3000倍液,或10%吡虫啉可湿性粉剂1000倍液,或25%噻嗪酮可湿性粉剂1500倍液喷雾防治蚜虫;也可用30%吡虫啉烟剂,或20%异丙威烟剂熏杀;还可用2.5%多杀霉素悬浮剂1000~1500倍液,或20%虫酰肼悬浮剂1000~1500倍液喷雾防治菜青虫、小菜蛾、甜菜夜蛾。

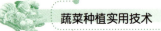

6. 适时采收

包心达 7 成时开始陆续采收,待叶球抱紧充实后采收完毕。

第二节 黄瓜栽培管理技术

1. 品种选择

选择抗病、耐热、优质、高产、适合市场需求的品种,如博青 668 等。

2. 播种育苗

选用嫁接亲和力强、与接穗共生性好、抗瓜类根部病害的砧木品种嫁接育苗。用草炭、蛭石和珍珠岩按 5∶3∶1 比例配制育苗基质,装入 50 孔或 72 孔穴盘。用 10% 磷酸三钠或 1% 高锰酸钾或 50% 多菌灵 600 倍液浸种 20~30 分钟,洗净后用 55℃温水浸种 6~8 小时,然后置于白天温度为 25~28℃、夜间温度为 15~18℃的条件下催芽,幼芽露白时播种。砧木出苗速度和幼苗生长速率较快,因此先播种接穗,接穗子叶顶土时播种砧木。幼苗出齐后控制浇水,以防徒长。喷洒杀菌剂和杀虫剂,以预防猝倒病、立枯病和白粉虱、蚜虫等病虫害。幼苗子叶展开后,采用插接法嫁接。嫁接后迅速封闭苗床,温度控制在白天 25~28℃、夜间 20~23℃,3 天内不见光或见弱光;空气湿度保持在 95% 以上。嫁接后 3~5 天,早、晚揭膜通风见光,通风见光量由小到大,时间由短到长,温度控制在白天 25~30℃、夜间 16~22℃。7~10 天后嫁接苗不再萎蔫时转入正常管理。

3. 定植

定植前将前茬作物清除干净,密闭拱棚,用百菌清或二甲菌核利等烟剂熏烟杀菌消毒。每亩撒施优质腐熟的有机肥 4~6 米^3、复合肥(15-15-15)40~50 千克,深翻 25~30 厘米;耙平后起垄或做畦,垄顶宽 15~20 厘米,垄高 20~25 厘米,大行距 80~100 厘米,小行距 50 厘米,株距 25~28 厘米;畦宽 140 厘米,每畦栽 2 行,株距 25~28 厘米。定植时按株距挖穴、放苗,栽植深度以埋至子叶下方为宜。封垄后浇透定植水。

4. 田间管理

(1)温光管理 越夏黄瓜田间管理的重点是控光降温,尽量加大通风量和延长通风时间,温度控制在白天为35℃以下、夜间为22℃以下,若光照过强,可用遮阳网适当遮阴。

(2) 肥水管理 定植后浇透水,缓苗后控水蹲苗。根瓜采收后结合浇水,每亩施复合肥(15-15-15)25~30千克、商品有机肥100千克。每隔10天左右浇1次水,隔水施1次肥,每次施复合肥(15-15-15)30~40千克/亩。

(3) 植株调整 黄瓜开始出现卷须时吊蔓,吊蔓高度以1.7~2.0米为宜,当蔓高超过架顶时落蔓。当有侧枝发生时应摘除,落蔓后要摘除植株下部的老叶。为了满足营养供应,保证连续结瓜,要人工控制结瓜数,出现1节多瓜时疏掉多余瓜,调整叶瓜比为3∶1左右。

5. 病虫害防治

越夏黄瓜的主要病害有霜霉病(彩图17)、白粉病(彩图18)、疫病、根腐病等,主要虫害有蚜虫、烟粉虱、白粉虱、美洲斑潜蝇等。

(1) 农业防治 根据当地主要病虫害发生情况及重茬种植情况,有针对性地选用抗病、耐热品种;定植时采用高垄或高畦栽培,并通过控制各生育期的温湿度,减少或避免病虫害发生;增施充分腐熟的有机肥,减少化肥用量;清除前茬作物残株,降低病虫基数;摘除病叶,并集中进行无害化销毁。

(2) 物理防治 在棚内悬挂黄色粘虫板诱杀粉虱等害虫,规格为25厘米×40厘米,每亩悬挂30~40块。在拱棚门口和放风口设置40目以上的银灰色防虫网。

(3) 生物防治 可用2%宁南霉素水剂200~250倍液预防病毒病,用0.5%印楝素乳油600~800倍液喷雾防治蚜虫、白粉虱。

(4) 化学防治 霜霉病可用25%嘧菌酯悬浮剂1500倍液,或68.5%氟菌·霜霉威盐酸悬浮液1000~1500倍液,或52.5%噁酮·霜脲氰水分散粒剂2000倍液喷雾防治。白粉病可用10%苯醚甲环唑水分散粒剂2000~3000倍液,或43%戊唑醇悬浮剂3000~4000倍液,或40%氟硅唑乳油6000~8000倍液,或25%嘧菌酯水分散粒剂1500~2000倍液防治。疫病发生初期,可用18.7%烯酰·吡唑酯水分散粒剂600~800倍液,或72%霜脲·锰锌可湿性粉剂600~800倍液,或用60%唑醚·代森联水分散粒剂1000~1500倍液喷雾防治。根腐病发病初期，可用30%噁霉灵水剂3000~4000倍液，或60%吡唑醚菌酯水分散粒剂1000~1500倍液，或50%甲基硫菌灵可湿性粉剂500倍液灌根防治。

蚜虫、白粉虱、美洲斑潜蝇可用25%噻虫嗪水分散粒剂2500~3000倍液，或10%吡虫啉可湿性粉剂1000倍液，或25%噻嗪酮可湿性粉剂1500倍液喷雾防治，也可用30%吡虫啉烟剂或20%异丙威烟剂熏杀。

6. 适时采收

果实达商品成熟时采收。

第三节　番茄栽培管理技术

1. 品种选择

越夏番茄栽培应选择抗病、耐热、着色均匀、品质好的品种，如粉宝石3号等。

2. 播种育苗

选用72孔穴盘育苗，基质配方采用草炭∶蛭石∶珍珠岩为5∶3∶1。用10%磷酸三钠或1%高锰酸钾或50%多菌灵600倍液浸种20~30分钟，洗净后在55℃温水中浸种8~12小时，在白天25~28℃、夜间15~18℃的温度条件下催芽。幼芽露白时，将种子点播入浇透水的穴盘内，上覆厚度为0.5~1厘米的蛭石，播种完后覆膜，温度保持在白天28~30℃、夜间18~22℃。在幼苗大部分出土后撤去地膜，并适当降温，保持白天20~24℃、夜间12~16℃，并控制浇水，以防幼苗徒长。喷洒杀菌剂和杀虫剂，以预防猝倒病、立枯病和白粉虱、蚜虫等病虫害。

3. 定植

定植前将前茬作物清除干净，密闭拱棚，用百菌清、二甲菌核利等烟剂熏烟杀菌消毒。拱棚通风口及前屋面距地面1米范围内用防虫网密封，防止害虫侵入。每亩撒施优质腐熟的有机肥4~6米^3、复合肥（15-15-15）40~50千克，深翻25~30厘米，耙平后起垄，垄顶宽15~20厘米，垄高20~25厘米；大行距80厘米左右，小行距60厘米左右，株距40~45厘米。定植时按株距挖穴，放苗，栽植深度以埋至子叶下方为宜。封垄后浇透定植水。

4. 田间管理

（1）**温光管理** 定植后3~4天适当遮阴，温度控制在白天24~27℃、夜间12~17℃。发棵期温度为白天20~25℃、夜间14~18℃；进入结果期时，应尽量加大通风量和通风时间，温度控制在白天32℃以下、夜间22℃以下，若光照过强，可用遮阳网适当遮阴。

（2）**肥水管理** 定植后浇透水，缓苗后控水蹲苗。第一穗果坐住后结合浇水，每亩施复合肥（15-15-15）30~40千克。然后每隔10~15天浇1次水，隔水施1次肥，每次施复合肥（15-15-15）25~30千克/亩。

（3）**植株调整** 当番茄长至30厘米左右时开始吊蔓，吊蔓高度以1.7~2.0米为宜。当第一侧枝长至5~10厘米时整枝打杈，采用单干整枝法。现大蕾时用15毫克/升的番茄灵蘸花或涂抹花柄，可刺激子房膨大，保证果实坐稳。每个花序只蘸前5~6朵花，果实开始膨大后摘除畸形果、僵果，每个花序留4~5个果。摘除老叶，改善通风透光性能，减少病虫危害。

5. 病虫害防治

越夏番茄的主要病害有病毒病、早疫病、晚疫病、脐腐病等，主要虫害有白粉虱、烟粉虱、美洲斑潜蝇等。

（1）**农业防治** 选用高抗病、抗逆品种，注意选择2年内未种过茄果类蔬菜的地块种植；清除前茬作物残株，降低病虫基数；摘除病叶、病果，并集中销毁。

（2）**物理防治** 在棚内悬挂黄色粘虫板诱杀粉虱等害虫，规格为25厘米×40厘米，每亩悬挂30~40块。在拱棚门口和放风口设置40目以上的银灰色防虫网。

（3）**生物防治** 可用2%宁南霉素水剂200~250倍液预防病毒病，用0.5%印楝素乳油600~800倍液喷雾防治蚜虫、白粉虱。

（4）**化学防治** 可采用烟熏法或喷雾防治，注意轮换用药，合理混用。病毒病发病初期，可喷施20%病毒A可湿性粉剂500倍液或1.5%植病灵乳剂1000倍液进行防治。早疫病、晚疫病可用45%百菌清烟雾剂熏棚，每隔7天熏1次，连熏3~4次；疫病发病初期可用18.7%烯酰·吡唑酯水分散粒剂600~800倍液，或72%霜脲·锰锌可湿性粉剂600~800倍液，或60%唑醚·代森联水分散粒剂1000~1500倍液喷雾防治。防治脐腐病可用0.2%氯化钙喷洒叶面。

白粉虱、烟粉虱、美洲斑潜蝇可用25%噻虫嗪水分散粒剂2500~3000倍液，或10%吡虫啉可湿性粉剂1000倍液，或25%噻嗪酮可湿性粉剂1500倍液喷雾防治，也可用30%吡虫啉烟剂或20%异丙威烟剂熏杀。

6. 适时采收

长途运输的果实，果面的1/3着色时采收；供应本地市场的果实，果面的2/3着色时采收，粉色果适当早收。

第四节　芹菜栽培管理技术

1. 品种选择

选择抗病、抗逆、优质、高产、适合市场需求的品种，如美洲西芹、津南实芹1号等。

2. 播种育苗

采用穴盘基质育苗或平畦土壤育苗。穴盘育苗的基质配方采用草炭：蛭石：珍珠岩为6:3:1，每立方米基质中加入1千克复合肥（15-15-15）、200克多菌灵，保证基质含水量达60%，拌好后用塑料薄膜封闭7天左右，然后装入72孔或105孔穴盘中。若采用土壤育苗，应选择地势较高、排灌方便、土壤疏松肥沃的地块，深翻20~30厘米，撒施腐熟有机肥2~3米^3/亩、复合肥（15-15-15）20~25千克/亩。深翻耙平后做宽1.2~1.5米的平畦。

选择隔年的种子，晒种3~4小时后用55℃温水浸种，水温自然冷却至室温后浸泡18~24小时，15~20℃下催芽，每天用清水淘洗1次，当50%以上的种子露白时即可播种。采用穴盘育苗时，将处理好的种子播在装好基质的穴盘中，72孔的穴盘每穴播4~6粒，105孔的穴盘每穴播3~5粒，播种深度为1厘米左右，淋透水，覆盖地膜保湿。采用平畦土壤育苗时，先将苗床浇透水，待水渗下后均匀撒种，覆土厚度为0.5~1厘米，喷洒50%多菌灵可湿性粉剂500倍液，用地膜覆盖畦面以保湿。

播种后保持苗床温度为白天20~24℃、夜间15~18℃，5~7天可出苗。幼叶拱土后撤去地膜，温度控制在白天18~22℃、夜间12~16℃。苗期保持土壤湿润，空气湿度以75%~85%为宜。幼苗长至2~3片真叶时间苗，达到苗距2~3厘米，间苗后浇水。株高10~15厘米，具有5~6片叶时，选择叶柄粗壮、叶色深绿、无病虫害和机械损伤的壮苗定植。

3. 定植

前茬采收后，清除杂物，每亩撒施优质腐熟的鸡粪3~5米^3，深翻25~30厘米，耙平后做成1.2~1.5米宽的畦。将幼苗拔（刨）出，将主根于4厘米左右剪断，按15厘米左右的行距开沟，深5~8厘米，按10厘米左右的株距栽苗，然后覆平畦面，浇透水。

4. 田间管理

（1）温度管理 从定植到缓苗，应以促根为主，及时通风，温度控制在白天26℃以下、夜间20℃以下，光照过强、温度过高时适当浇水降温。10月下旬后温度控制在白天18~24℃、夜间13~18℃。

（2）肥水管理 定植后浇透水，缓苗后每隔7天左右浇1次水，应在早晚阴凉时进行。缓苗后，结合浇水追施尿素15千克/亩左右。旺盛生长初期，每亩施复合肥（24-8-8）25~30千克。植株封行后随水冲施尿素15千克/亩，每隔10天左右喷施1次磷酸二氢钾叶面肥，共喷2~3次，以提高芹菜的产量和品质。

5. 病虫害防治

秋延迟芹菜的主要病害有软腐病、叶斑病（彩图19）、早疫病（彩图20）等，主要虫害有蚜虫、斑潜蝇等。

（1）农业防治 选用抗病、抗逆、适应性强的优良品种，并选择2年内未种过伞形科蔬菜的田块种植。注意加强苗床管理，培育适龄壮苗，提高抗逆性；清除前茬作物残株，降低病虫基数；增施充分腐熟的有机肥，减少化肥用量；控制各个时期棚内的温湿度；生长后期拔除病株，并集中进行无害化销毁。

（2）物理防治 在棚内悬挂黄色粘虫板诱杀蚜虫、斑潜蝇等害虫，规格为25厘米×40厘米，每亩悬挂30~40块，悬挂高度与植株顶部持平或高出10厘米。在拱棚门口和放风口设置40目以上的防虫网。

（3）化学防治 软腐病可用72%新植霉素可湿性粉剂4000倍液喷雾防治。叶斑病发生初期，可用20%苯醚甲环唑微乳剂800~1000倍液或咪唑醚菌酯·代森联水分散粒剂1000倍液喷雾防治。蚜虫、斑潜蝇等可用25%噻虫嗪水分散粒剂2500~3000倍液，或10%吡虫啉可湿性粉剂1000倍液，或25%噻嗪酮可湿性粉剂1500倍液喷雾防治，也可用30%吡虫啉烟剂或20%异丙威烟剂熏杀。

6. 适时采收

秋延迟芹菜的全生育期为90~100天，当植株高度达60厘米左右，且达到商品菜的要求时，应适时采收。

第六章　早春马铃薯+生姜高效种植

【种植茬口】

马铃薯：11月20日~12月10日播种，随播随盖地膜，12月中旬前扣拱棚，第二年2月上旬破膜放苗，3月底揭膜，4月中下旬采收。

生姜：4月初开始催芽，4月中下旬播种，10月下旬~11月中旬采收。

以上所述为西北地区的茬口日期，其他地区应适时调整。

第一节　马铃薯栽培管理技术

1. 品种选择

选择结薯集中、薯块膨大快、市场销路好的优质早熟品种，如早大白、费乌瑞它等，最好选用高质量脱毒种薯栽培。

2. 种薯切块

汉中地区习惯选择100克以上的大种薯切块进行拱棚栽培，应选择无病虫、无冻害、表皮光滑、新鲜的种薯切块。切块时，先从种薯底部（脐部）开始，螺旋状切块，保证每个切块有1~2个健壮的芽眼，最后将顶部以顶芽为中心一分为四，并在切块时将底部、中部和顶部切块分开放置。如果切块过程中遇到病薯，应立即用75%酒精或0.1%高锰酸钾对刀具进行消毒，防止交叉感染。

3. 拌种催芽

用1千克滑石粉或大白粉加72%霜脲·锰锌可湿性粉剂或25%甲霜灵可湿性粉剂100克混匀作为拌种剂。切块后先将底部切块和中部切块分别用15毫克/千克和10毫克/千克赤霉素溶液浸种10分钟，沥干水分后拌种，顶部切块可边切边拌种。切块拌种后先晾晒1天，然后在室内铺一层稻草，再在上面堆放3~5层切块，覆盖稻草和薄膜以保温保湿，室温控制在15~18℃，每天翻动1次，待80%芽眼萌动且长出0.5~1.0厘米的幼芽时播种。

4. 施肥播种

10月底前茬作物采收后，清理干净残枝烂叶，每亩拱棚施入优质腐熟农家肥5000千克，冻垡15~20天，期间翻耕2~3次。11月下旬~12月上旬播种，播种时将种薯顶部、中部和底部切块分开播种于不同的拱棚中，有利于每个棚内马铃薯出苗整齐一致。采用高垄栽培，垄距75~85厘米，垄高25~30厘米，每垄种植2行，株距25厘米，小行距20~30厘米，大行距55~65厘米，每亩播种6000~6500株。播种时先按行距顺拱棚走向挖深6~8厘米的播种沟，先在播种沟内按株距摆上种薯切块，然后在薯块之间穴施化肥，每亩施用硫酸钾型复合肥（15-5-25）120千克。播种施肥后盖种成垄，然后盖上地膜，12月中旬前扣上拱棚薄膜以增温。

5. 田间管理

（1）**出苗前** 播种扣棚后到1月底出苗前一般不通风，这期间主要是压严棚膜，尽可能增加棚内温度，以利于马铃薯种薯发芽和根系形成。期间应经常用竹竿振荡棚膜，使膜上的水滴落地，以增加膜的透光性。每隔10天左右可结合种薯检查开小口通风1次，排除棚内有害气体，增加新鲜空气。

（2）**苗期** 2月初开始出苗后，可于晴天中午开小口通风换气，并及时破除地膜放苗。如遇降温天气应提前密闭拱棚以增温抗寒。2月中旬齐苗后随温度回升逐渐加大通风强度，使棚内温度保持在白天16~20℃、夜间12~15℃。苗期棚内土壤干旱可于晴天上午在垄沟内灌水。

（3）结薯期 3月初，薯块开始形成进入结薯期，应调节拱棚内温度，保持在白天18~25℃、夜间13~15℃。及时灌水，使棚内土壤保持湿润状态。此期间应预防倒春寒冻害，当预报有温度骤降天气时应在拱棚外加盖保温材料，或直接将塑料薄膜、遮阳网等材料直接覆盖在棚内马铃薯苗上进行保温防冻。

（4）膨大期 3月中下旬，薯块进入膨大期，棚内温度控制在白天20~26℃、夜间不低于15℃。当温度达到20℃时，应加强通风，每天上午9:00开始打开棚膜通风，下午3:00左右闭棚。通风时应注意顺风开口，放风口应由小到大，逐渐加大通风，防止突然加大风口而导致冷风闪苗。4月初，当外界温度白天在20℃以上、夜间在12℃以上时，及时撤棚，进入露地管理期。膨大期保持田间土壤湿润，浇水不要浸过垄顶，保持土壤通气性，促进薯块膨大。根据田间土壤肥力和马铃薯田间长势，结合灌水可随水追施高钾型冲施肥（13-6-40）或灌水后在垄沟内撒施尿素和硫酸钾。

6. 病虫害防治

拱棚早春马铃薯易感晚疫病，选用无病害脱毒种薯、药剂拌种可减少晚疫病发生。田间可用58%甲霜灵·锰锌可湿性粉剂500~600倍液，或72%霜脲·锰锌可湿性粉剂600~700倍液，或25%甲霜灵可湿性粉剂600~800倍液，或80%代森锰锌可湿性粉剂400~600倍液进行化学防治。如果种薯带菌可于齐苗后喷施1次72%霜脲·锰锌可湿性粉剂600~700倍液进行防治。封行后根据天气情况进行防治，预报有连阴雨天气时，雨前喷药防治1次。拱棚灌水后加强通风排湿，并且可于灌水前1天喷施药剂进行预防。

7. 适时采收

4月中下旬马铃薯进入商品成熟期，植株下部开始出现黄叶时即可采收，也可根据市场行情提早采收上市。

第二节　生姜栽培管理技术

1. 品种选择

选用城固黄姜、云南片姜。

2. 种姜处理

（1）选种 4月初将种姜出窖，选择形状扁平、颜色好、无病虫害、无腐烂、无损伤、未受冻的姜块作为姜种。

（2）姜种处理 选好的种姜，在晴天进行晒种并翻晒数天，使姜块失水、姜皮变干发白，晒种期间的夜间要防止种姜受冻。将经晾晒的种姜在75%甲基托布津可湿性粉剂800倍液或25%络氨铜水剂400~600倍液中浸泡2~3小时进行杀菌，捞出晾干后进行催芽。

（3）催芽 将经杀菌处理的种姜分层摆放在温室或塑料拱棚内进行催芽，摆放高度为30厘米左右，覆盖稻草或草帘，然后再盖一层塑料薄膜以保温保湿。催芽期间保持种姜湿润，温度控制在20~25℃。每隔2~3天翻动1次，后期可摊薄种姜，白天去除覆盖物使幼芽见光，培育状芽。经过15~20天，幼芽长1厘米左右时即可播种。也可在拱棚或室内利用电热线进行辅助加温催芽。

3. 整地施肥

马铃薯采收后及时清理田园，每亩施入生物有机肥300千克、土壤调理剂80千克、复合肥（15-4-26）80千克，然后深翻耙平。将土地平整开沟，做成畦宽1.4米、沟宽30厘米、沟深20厘米的高畦。

4. 播种

4月中下旬马铃薯采收后即可播种。每畦均匀纵开种植沟5条，沟深8~10厘米，按15~18厘米的株距进行摆种栽培。播种时催芽的种块，应将芽朝上摆放；播种后覆盖5~6厘米厚的细泥土，整平畦面。

5. 田间管理

（1）水分管理 选择雨后土壤湿润时或播前造墒播种，出苗前一般不再浇水。幼苗期应小水勤浇。夏季高温时可在傍晚勤浇水，降低地温，遇到降水量大时，及时排水要保证水分充足，土壤相对湿度保持在75%~80%。

（2）除草 生姜为浅根性作物，不宜多次中耕，以免伤根。一般在幼苗期结合灌水浅中耕1~2次，苗期及时人工拔除杂草，避免杂草与植株竞争养分，影响生姜生长。也可采用黑色地膜覆盖来防除杂草。

（3）追肥 生姜生长期间，根据植株的长势确定追肥，一般共追施

4~6次，可结合中耕除草或浇水进行。追肥掌握先淡后浓的原则施用。生长前期由于植株不大，需肥较少，一般应以氮肥为主，每次每亩可追施尿素5~10千克；生长中后期植株长大，并且地下部开始结姜块，需肥较多，应多施、勤施，每次可追施硫酸钾型复合肥（15-15-15）10~20千克。

（4）遮阳 6月中下旬，在拱棚骨架上覆盖遮阳50%的遮阳网进行遮阳降温，遮阳时拱棚肩部以下和两头不覆盖，以利于通风。也可于生姜播种后在畦沟内和拱棚两侧种植甜玉米给生姜遮阴。

6. 病虫害防治

生姜的主要病害是姜瘟病（彩图21）、根腐病、枯萎病、叶枯病、叶斑病、茎基腐病，主要虫害是姜螟（彩图22）。

（1）姜瘟病 发病前至发病初期，用3%中生菌素可湿性粉剂600~800倍液，或60%琥·乙膦铝可湿性粉剂500~700倍液，或20%叶枯唑可湿性粉剂600~800倍液，或36%三氯异氰尿酸可湿性粉剂1000~1500倍液，或2%春雷霉素可湿性粉剂300~500倍液，或20%噻菌酮水剂1000~1500倍液，灌根或喷淋茎基部，视病情每隔7~10天防治1次。

（2）根腐病 选择土质较疏松的壤土地栽培，及时清除田间病残体，合理密植，加强肥水管理，雨后及时排除田间积水，冲施高钾肥，促进植株健壮生长。发病前至发病初期，用84.51%霜霉威·乙膦酸盐可溶性水剂600~1000倍液，或76%霜·代·乙膦铝可湿性粉剂800~1000倍液，或80%三乙膦酸铝水分散粒剂800~1000倍液，或50%氟吗·乙铝可湿性粉剂600~800倍液，或20%二氯异氰尿酸钠可溶性粉剂1000~1500倍液灌根，视病情每隔5~7天灌1次，连续灌根2~3次。

（3）枯萎病 发病初期，用5%丙烯酸·噁霉·甲霜水剂800~1000倍液，或80%多·福·福锌可湿性粉剂500~700倍液，或70%噁霉灵可湿性粉剂2000倍液，或4%嘧啶核苷类抗菌素水剂600~800倍液灌根，每株灌药液250~300毫升，视病情每隔7~10天灌1次。

（4）叶枯病 发病前至发病初期，用20%噻菌铜悬浮剂1000~1500倍液，或20%噻菌酮水剂1000~1500倍液，或50%氯溴异氰尿酸可溶性粉剂1500~2000倍液喷雾，视病情每隔7~10天喷1次。发病普遍时，用

3%中生菌素可湿性粉剂600~800倍液，或20%噻唑锌悬浮剂600~800倍液，或60%琥·乙膦铝可湿性粉剂500~700倍液均匀喷雾，视病情每隔5~7天喷1次。

（5）叶斑病　发病初期，可用60%唑醚·代森联水分散粒剂60~100克/亩，或52.5%异菌·多菌可湿性粉剂800~1000倍液，或50%甲基·硫黄悬浮剂800倍液+70%代森锰锌可湿性粉剂700倍液，或64%氢铜·福美锌可湿性粉剂800~1000倍液，或10%氟嘧菌酯乳油2000倍液+2%春雷霉素水剂300倍液，或10%苯醚甲环唑水分散粒剂1000倍液+75%百菌清可湿性粉剂600倍液，或50%腐霉利可湿性粉剂1000倍液+50%克菌丹可湿性粉剂500倍液喷雾，视病情每隔7~10天喷1次。

（6）茎基腐病　选用无病虫、无霉烂的种姜；播种前用40%福星乳油8000倍液或50%多菌灵200克兑水100千克浸种；整地时每亩选用50%的敌克松或福美双1~1.5千克拌细土，撒施在土壤中进行消毒。发病初期，用25%嘧菌酯悬浮剂1500倍液喷雾或2000倍液灌根，每株灌药液100~150毫升；或用72.2%霜霉威盐酸盐水剂700倍液+60%噁霉·噁唑·霜霉水剂750倍液，或85%枯菌酯·噁霉可湿性粉剂750倍液+50%氯溴异氰尿酸可湿性粉剂750倍液喷雾灌根。

（7）姜螟　用5%甲维盐水分散性粉剂3000倍液，或1.8%阿维菌素乳油1500倍液，或20%丁醚脲·虫螨腈悬乳剂1500倍液进行防治。

7. 适时采收

（1）嫩姜采收　一般在8月初即可开始采收嫩姜作为鲜菜提早供应市场。早采的姜块肉质鲜嫩、辣味轻，含水量多，不耐贮藏，宜用来腌泡菜或制作糟辣椒调料，食味鲜美，极受市场欢迎，经济效益好。

（2）老姜采收　一般在10月中下旬~11月进行，待姜的地上部植株开始枯黄、根茎充分膨大老熟时采收。这时采收的姜块产量高、辣味重且耐贮藏运输，宜作为调味料或用来加工干姜片。但采收必须在霜冻前完成，防止受冻腐烂。应选晴天完成采收。

第七章 春薄皮甜瓜+夏秋皱皮辣椒高效种植

【种植茬口】

薄皮甜瓜：2月20日~3月10日播种，6月上旬采收。

皱皮辣椒：3月下旬~4月上旬小拱棚育苗，5月中下旬甜瓜株间定植，8月底~9月初采收鲜椒出售，11月上旬采收结束。

以上所述为西北地区的茬口日期，其他地区应适时调整。

第一节 薄皮甜瓜栽培管理技术

1. 品种选择

选择适宜当地种植的品种，如绿肉的有甘甜3号、绿宝；白肉的有甘甜5号、天山雪玉、千玉系列；其他类型的有甘甜羊角蜜、博洋系列羊角蜜等。

2. 播种育苗

甘肃省薄皮甜瓜塑料拱棚适宜的育苗播期为2月20日~3月15日，晚熟品种如绿宝等在肥力差的地块可适当早播，早熟品种如甘甜3号等在肥沃的地块可适当晚播，采用50孔穴盘育苗。另外，还应注意薄皮甜瓜需肥量少，苗期基本不需要施肥或追肥，以防烧苗。种植的最佳密度，吊蔓栽培为2200~2400株/亩，爬蔓栽培为1800~2000株/亩，重茬病严重的地块、早熟品种、沙壤土可适当密植，晚熟品种、重壤土可适当稀植。每亩用种量约 30 克。

3. 定植方式

在甜瓜 2 叶 1 心时开始定植，为便于下茬辣椒的套种应预留适宜的套种距离，大行距 80 厘米、小行距 40 厘米，甜瓜定植株距 45 厘米。待甜瓜成熟前半个月，将辣椒定植于甜瓜株间，辣椒定植株数与甜瓜相同。

栽培畦整平后，每亩用百菌清等杀菌剂兑水喷洒，喷后覆盖厚 0.004～0.008 毫米的透明地膜，也可选用降解膜。降解膜具有降温散湿、改善根际环境、防治重茬病害及增产的作用。

4. 田间管理

（1）**出苗期** 一般甜瓜播种后 5 天即可完全出苗。出苗后及时揭去保湿地膜。如遇低温天气出苗不整齐时，可以逐渐破膜放苗，直到放完为止。破膜放苗宜早不宜迟，迟了苗大，地膜和叶片接触时间过久，容易产生叶部病害。

（2）**幼苗期** 出苗后，适当降低管理温度，控制在白天 25～28℃、夜间 15～18℃。苗龄 25 天左右，视天气情况浇 1～2 次水。对于个别戴帽的子叶，要及时手工摘除，确保所有植株子叶完整伸展。做好育苗棚室的病虫害防治，避免苗期染病。

（3）**扯蔓期** 吊蔓栽培一般采用单蔓整枝，摘除 12 节以下侧枝。可视品种不同选留子蔓。早熟品种可以在稍低节位留子蔓，晚熟品种可以在第 16～18 节位开始留子蔓，子蔓第二节留瓜。早熟品种保留 4 条子蔓，留 4 个瓜；晚熟品种保留 3 条子蔓，留 3 个瓜。每隔 10～15 天浇 1 次水。每 2 次施 1 次复合肥，每亩追施 10～15 千克。爬蔓栽培的，在 4～6 片叶时摘心，留 3 条子蔓，每条子蔓再留 4 条孙蔓，可以在子蔓坐瓜，也可以在孙蔓坐瓜，一般保留 3～4 个瓜。子蔓或孙蔓结瓜后留 2～4 片叶摘心。

（4）**坐瓜期** 坐瓜完成定秧后，浇好膨瓜水。甜瓜果实采收前 7～10 天停止浇水。果实膨大期间，结合浇水每亩追施氮肥 3～4 千克、钾肥 4 千克左右。在甜瓜全部采收结束前半个月要定植辣椒，定植后浇稳苗水，提高成活率，促苗早发；也可以先定植辣椒再浇水，既是膨瓜水，也是缓苗水，做到一水两用。

（5）成熟期 甜瓜成熟后至采收结束，一般不再浇水。吊蔓栽培要在株高1.8米时摘心。爬蔓栽培的摘除长出的多余侧枝，保证营养集中。授粉结束后28~35天成熟。薄皮甜瓜皮薄，容易散失水分，商品销售的瓜要适当早收，过度成熟瓜软化，口感变差，大大降低商品性。

5. 病虫害防治

春薄皮甜瓜的主要病害有枯萎病、白粉病、霜霉病、病毒病等，主要虫害有4种，即蚜虫、地蛆、瓜蝇和蓟马。

（1）枯萎病 发病初期喷洒1%嘧菌酯·噁霉灵颗粒剂+枯草芽孢杆菌活菌制剂，或70%甲基托布津可湿性粉剂500倍液，每隔7~10天喷1次，连喷2~3次。应注意均匀喷雾，药剂交替轮换使用。

（2）白粉病 发病初期喷洒12.5%腈菌唑乳油2500~3000倍液，或50%多菌灵可湿性粉剂400~500倍液，每隔7~10天喷1次，连喷2~3次。应注意均匀喷雾，药剂交替轮换使用。

（3）霜霉病 发病初期喷洒70%代森锰锌可湿性粉剂500倍液，或30%氧氯化铜悬浮剂600~800倍液，每隔7~10天喷1次，连喷2~3次。应注意均匀喷雾，药剂交替轮换使用。

（4）病毒病 发病初期喷洒20%病毒A可湿性粉剂500倍液，或1.5%植病灵乳剂1000倍液，每隔7~10天喷1次，连喷2~3次。应注意均匀喷雾，药剂交替轮换使用。

（5）蚜虫 每亩可用2%绿星乳油50~90毫升，也可用1.8%阿维菌素乳油或5%氯氰菊酯乳油或2.5%溴氰菊酯乳油或25%噻虫嗪乳油25毫升，或0.5%印楝素可湿性粉剂35~50克，还可用10%吡虫啉可湿性粉剂或50%抗蚜威可湿性粉剂35克，或25%吡嗪酮可湿性粉剂16克，加水50升喷雾。可按药剂稀释用水量的0.1%加入洗衣粉或其他展着剂，以增加药效。

（6）地蛆 成虫发生期可喷施2.5%溴氰菊酯乳油3000倍液防治；产卵高峰期可在肥堆上喷洒90%敌百虫晶体500倍液防治；幼虫危害期可用75%灭蝇胺可湿性粉剂或40%辛硫磷乳油或5%氟铃脲乳油3000倍液等灌根防治。

（7）瓜蝇 成虫产卵时，采用2.5%溴氰菊酯3000倍液喷雾或灌根。

（8）蓟马　采用20%啶虫脒可湿性粉剂1000倍液，或2.5%三氟氯氰菊酯乳油3000~4000倍液喷雾。

6. 适时采收

甜瓜开始转色，果顶散发香味时为采收期，应于晴天上午采收。采用剪刀轻剪轻放，留2~4厘米果柄摘剪。直接丢弃病虫害果。采收后直接套上网袋，整齐摆置在收纳筐内，外边覆一层地膜保持水分，放在冷凉位置，集中上市销售。

第二节　皱皮辣椒栽培管理技术

1. 品种选择

选择耐热性强、抗病性突出、产量高、品质好的早熟品种，同时考虑品种的秋后食用特性，要求果实具有颜色鲜红、有较浓的辛辣味、果肉厚、果皮薄、干物质含量高等特点。目前生产上普遍选用的辣椒品种有陇椒10、11号，航椒系列等。

2. 播种育苗

辣椒的苗龄为55天左右，西北地区和甜瓜套种的最佳育苗期为3月下旬~4月上旬。可在棚室育苗；有条件的地方可以用商业辣椒专用基质育苗，采用72孔穴盘点播；也可以在肥沃、疏松、富含有机质、保水保肥力强的沙壤土中育苗。播种前，将种子用55℃的温水浸泡20分钟，并不断搅动，水温下降后继续浸泡8小时，捞出漂浮的种子。将浸泡后的种子用湿布包好，放在25~30℃条件下催芽3~5天，当80%的种子露白时，即可播种。

播种10天左右后，出苗率达50%时揭掉棚膜。育苗期，每天太阳出来后揭苫，日落前盖苫。定植前逐步降温炼苗，温度控制在白天15~20℃、夜间5~10℃，在保证幼苗不受冻害的限度下尽量降低夜温。幼苗叶色浅黄时，可酌情施用磷酸二氢钾等叶面肥。育苗后期需通风降温和揭膜炼苗。定植前2天浇透苗床，以利于移苗。育苗期间注意防治猝倒病、立枯病，可用72.2%霜霉威盐酸盐水剂400~600倍液，或72%霜脲·锰锌可湿性粉剂 500~800 倍液防治，也可在苗床喷洒烯酰吗啉。

3. 定植

应于甜瓜完全采收结束前 20 天左右进行定植，定植位置选择在 2 株甜瓜之间，穴距 45 厘米，密度等同于甜瓜。

定植时选用辣椒壮苗，辣椒壮苗的标准是苗高 20~25 厘米，茎秆粗壮、节间短，具有 6~8 片真叶，叶片厚、叶色深绿，幼苗根系发达、白色须根多，大部分幼苗顶端呈现花蕾，无病虫害。辣椒茎部不定根发生能力弱，不宜深栽，栽植深度以不埋没子叶为宜。栽苗时大小苗要分级，剔除病弱苗、老化苗。定植后要立即浇定植水，随栽随浇。

4. 田间管理

（1）**温度管理** 定植后为促进缓苗，必须保持高温环境，温度控制在白天 25~30℃、夜间 18~20℃。长出新叶时表明已经发出新根，标志着缓苗期已结束，此后白天温度应控制在 30℃ 以下，防止幼苗徒长。结果期中午前室温保持在 26~28℃，以促进光合作用；午后尽量延长 28℃ 左右的时间，当温度降至 17~18℃ 时，及时覆盖草帘蓄热，以促进光合产物的转化。春季随着外界气温的逐渐升高，应注意通风，通风量要逐渐加大。当室内夜间温度高于 15℃ 时不再覆盖草帘，而外界最低温度稳定在 15℃ 以上时，可揭开棚室底脚棚膜进行昼夜通风。

（2）**肥水管理** 定植后 3~4 天在垄沟浇缓苗水，之后进行蹲苗。当门椒长到 3 厘米左右时开始浇水，结合浇水每亩施磷酸二铵 15 千克、尿素 10 千克。进入盛果期每隔 10~15 天浇 1 次水，结合浇水进行追肥，每浇 2 次水追肥 1 次，每亩追施磷酸二铵 15 千克、尿素 10 千克。植株生长后期，气温升高，生长加快，适当疏剪过密的枝条，改善下部通风透光条件。同时加强肥水管理，防止植株早衰。除追肥外，可叶面喷施磷酸二氢钾，以提高后期产量。

（3）**光照管理** 定植后如果幼苗发生萎蔫可适当遮阴，以后要经常保持棚膜清洁，保证透光良好。在棚室温度允许的前提下，草帘尽量早揭晚盖，在阴雨天、雪天也要揭帘 3~5 小时。同时要及时打杈，摘老叶、病叶，保证植株间通风透光良好。棚室后墙也可张挂反光幕增加光照。

（4）**植株调整** 门椒以下发生的叶芽要尽早抹去，老、黄、病叶要及时摘除。中后期长出的徒长枝、弱枝应及时摘掉，改善通风透光条件。

5. 病虫害防治

夏秋皱皮辣椒的主要病害有苗期猝倒病，生长期疫病（彩图23）、白粉病（彩图24）、灰霉病、病毒病、炭疽病、根腐病等，主要虫害有棉铃虫、蚜虫、斑潜蝇、白粉虱、蓟马等。

（1）**疫病** 发病初期可在根茎部喷洒50%烯酰吗啉可湿性粉剂200倍液；发病中后期用50%甲霜铜可湿性粉剂800倍液在根茎部喷洒或灌根。灌水前在每株根茎部放4%辣椒疫病灵颗粒剂2克。结合灌水每亩用硫酸铜1.0~1.5千克拌适量沙土，均匀撒施在地面，然后轻灌。

（2）**白粉病** 由于白粉病主要在辣椒生长中后期发病，故要提早预防、防治结合。发病时病菌存在于叶片背面，喷药时要仔细彻底，连防2~3次便可以控制。发病后用50%多硫悬浮剂300~400倍液，或15%三唑酮800~1000倍液，或5%腈菌唑乳油3000倍液，或25%丙环唑乳油5000倍液，每隔7~10天喷1次，连喷2~3次，能够取得较好的防治效果。

（3）**灰霉病** 用10%腐霉利烟剂，或45%百菌清烟剂，按每亩200~250克分4~5处点燃，密闭棚室熏蒸。也可用50%乙烯菌核利可湿性粉剂1000倍液，或65%甲霜灵可湿性粉剂800~1000倍液，或2%武夷霉素（阿司米星）水剂100倍液喷雾，每隔5~7天喷1次，连喷2~3次。

（4）**病毒病** 发病初期喷施病毒A可湿性粉剂500倍液，或1.5%的植病灵乳剂1000倍液，每隔7~10天喷1次，连喷2~3次。

（5）**根腐病** 发病初期用药剂进行喷洒或浇灌，可用50%多菌灵可湿性粉剂500倍液，或50%甲基托布津可湿性粉剂500倍液，或75%敌克松可湿性粉剂800倍液等，每隔10天喷1次，连喷2~3次。结合灌水每亩施用硫酸铜1.0~1.5千克灌根防治，即将硫酸铜拌沙土均匀撒施地面，然后轻浇水。

（6）**蚜虫** 用2.5%溴氰菊酯乳油2000~3000倍液，或10%吡虫啉可湿性粉剂2000~3000倍液，或25%噻虫嗪可湿性粉剂5000倍液喷雾防治。

（7）**斑潜蝇** 用1.8%阿维菌素乳油3000倍液，或10%吡虫啉可湿性粉剂1000~1500倍液，或25%噻虫嗪水分散粒剂5000倍液喷雾防治。

（8）**白粉虱** 用1.8%阿维菌素乳油1500倍液，或10%吡虫啉可湿性粉剂1500~2000倍液，或25%噻虫嗪水分散粒剂2500倍液，或2.5%联苯菊酯乳油3000倍液喷雾防治。

（9）**蓟马** 在辣椒生长中后期发生，用10%吡虫啉可湿性粉剂2000倍液，或2%甲维盐乳油2000倍液，或1.8%阿维菌素乳油2000~3000倍液，或3%啶虫脒乳油2000~3000倍液交替喷雾防治，效果较好。

6. 适时采收

辣椒果实作为鲜椒出售的，在8月底~9月初成熟果达到1/4以上时开始采收，以后视红果数量陆续采收。采收时要摘取整个果实全部变红的辣椒，去除有病斑、虫蛀、霉烂和畸形果后出售。

第八章 春马铃薯+春甘蓝+夏不结球白菜+秋延迟红菜薹高效种植

【种植茬口】

马铃薯：12月底~第二年1月初催芽，2月上旬播种，5月中旬采收。

甘蓝：1月上旬育苗，2月上旬定植，4月上中旬上市。

不结球白菜：6月初播种，7月初采收；7月初播种，8月初采收。

红菜薹：8月中旬陆续播种，10月底陆续采收。

以上所述为黄淮地区的茬口日期，其他地区应适时调整。

第一节 马铃薯栽培管理技术

1. 拱棚准备

用4米长的细竹竿以梢搭梢扎紧的方式搭成拱高1.3米、拱间距0.5米、棚宽3.6米的拱棚，棚间距0.5米，棚顶用1根竹板固定，用5米宽的农膜覆盖。每个拱棚内种植3行马铃薯、6行甘蓝，带宽70厘米，采用垄沟式种植，垄高15~18厘米，垄背宽20厘米，垄沟宽60厘米。垄上种1行马铃薯，株距22厘米，栽苗2200株/亩左右；垄沟内栽2行甘蓝，行距40厘米，株距33厘米，栽苗2900株/亩。

2. 品种选择

马铃薯选用早熟脱毒良种,品种可选用郑薯 5 号、郑薯 6 号等。

3. 播种催芽

马铃薯用种量为 55~60 千克/亩,度过休眠期的种薯可直接切块催芽;未度过休眠期的种薯可用赤霉素浸种切块以催芽。整薯浸种可用 5~10 毫克/千克的灰霉素溶液,切块浸种可用 0.5~1 毫克/千克的赤霉素溶液,浸种时间为 5~10 分钟。每千克种薯切 40~50 块。如果有病薯,切刀要用 75%酒精消毒。催芽温度为 15~20℃,床土(细沙土)湿度以手握成团、落地即散为宜。催芽时间一般在播前 25~30 天(郑州地区可在 12 月底~第二年 1 月初进行),在保温较好的室内或拱棚、温室内催芽。注意保持温度,控制湿度。待薯块芽长 0.5~1 厘米时,将薯块扒出移到 10~15℃的室内或拱棚内,在散射光下摊晾炼芽,使之成为紫绿色壮芽。2 月上旬播种马铃薯,覆土厚 10~15 厘米。

4. 田间管理

马铃薯播种后及时扣棚,用土将农膜四边压紧踏实,尽量做到棚面平整,棚两边每隔 1.5 米打 1 个小木桩,用 14 号铁丝或塑料压膜线拴住两边木桩绷紧,以防风固棚。马铃薯从播种到出苗需 30 天左右,3 月上旬可以出齐苗,需要追肥、浇水以促进生长。在马铃薯团棵期,可结合浇水施尿素 20 千克/亩,浇水要采用小水勤浇,薯块膨大期注意保持土壤湿润。同时,应注意降低棚内湿度,通风换气,防止病害发生。

5. 病虫害防治

春马铃薯的主要病害有晚疫病、早疫病、干腐病、疮痂病、黑胫病、黑痣病等,主要虫害有蛴螬、地老虎等。

(1)**晚疫病** 开花前后加强田间检查,发现中心病株应立即拔除,其附近植株上的病叶也摘除,撒上石灰,就地深埋。然后对病株周围的植株进行喷雾封锁,防止病害蔓延,可选择 25%嘧菌酯悬浮剂 1000 倍液,或 80%代森锰锌可湿性粉剂 500 倍液,或 72%霜脲·锰锌可湿性粉剂 500~750 倍液,或 68%精甲霜·锰锌水分散粒剂 600 倍液,或 68.75%氟吡菌胺·霜霉威悬浮剂 1000 倍液,或 52.5%噁唑菌酮·霜脲氰水分散粒剂 1500 倍液等进行喷雾处理。每隔7~10天喷1次,最好在晴天下午喷洒,喷洒要均匀,几种药剂可以交替施用。

(2) 早疫病 一定要掌握在发病初期甚至发病前期,进行药剂叶面喷雾。根据当地多年病害发生规律,提前预防,发现少量病株时及时进行化学防治。可选用25%嘧菌酯悬浮剂1000倍液,或80%代森锰锌可湿性粉剂500倍液,或72%霜脲·锰锌可湿性粉剂500~750倍液,或68%精甲霜·锰锌水分散粒剂600倍液,或68.75%氟吡菌胺·霜霉威(氟菌·霜霉威)悬浮剂1000倍液,或52.5%噁唑菌酮·霜脲氰水分散粒剂1500倍液等进行喷雾处理。每隔7~10天喷施1次,连续防治2~3次。

(3) 干腐病 该病主要在马铃薯窖藏期间发生严重。做好贮藏窖消毒,窖内杂物要清扫干净。在贮藏前几天用点燃的硫黄粉熏蒸,或采用高锰酸钾+甲醛,或百菌清烟剂,或15%百·腐烟剂,或45%消菌清烟剂熏蒸进行消毒处理。马铃薯入窖后做好温湿度调控,保持通风干燥。贮藏期间及时进行化学防治,可使用烟雾剂处理,使病薯病害部位表层干枯,能有效防止病菌向邻近块茎侵染。

(4) 疮痂病 种薯播种前用40%福尔马林120倍液浸种4分钟。加强管理,尽量避免在碱性土壤中种植,多施充分腐熟的有机肥或绿肥,与葫芦科、豆科、百合科蔬菜进行5年以上的轮作,结薯初期遇干旱时应及时浇水。

(5) 黑胫病 及时进行化学防治,发现病株及时挖除,在病穴及周边撒少许熟石灰。发病后,叶面可喷洒0.1%硫酸铜溶液或氢氧化铜,能显著减轻黑胫病,也可用40%氢氧化铜可湿性粉剂600~800倍液,或20%喹菌酮可湿性粉剂1000~1500倍液,或20%噻菌铜600倍液喷洒,还可用波尔多液灌根,效果较好。

(6) 黑痣病 及时进行化学防治。播种前可用35%福·甲可湿性粉剂800倍液,或50%福美双可湿性粉剂1000倍液浸种10分钟,或用50%异菌脲0.4%溶液浸种5分钟。还可用30%苯醚甲·丙环乳油3000倍液进行喷雾防治。

(7) 蛴螬 可用5.7%氟氯氰菊酯乳油1500倍液,或52.25%毒死蜱·氯氰菊酯乳油1000倍液,或30%敌百虫乳油500倍液喷洒或灌杀;

也可用5%辛硫磷颗粒剂2.5~3千克/亩，掺细土20千克，撒施或沟施；还可用50%辛硫磷乳油200~250克/亩加水10倍，喷于25~30千克细土上拌匀成毒土，撒于地面，随即耕翻。

（8）地老虎 地老虎在1~3龄幼虫期抗药性差，且暴露在寄主植物或地面上，是化学防治的最佳时期，可喷洒20%氰戊菊酯3000倍液，或90%敌百虫晶体800倍液，或50%辛硫磷乳油800倍液。此外，将50%辛硫磷乳油拌入炒熟的麦麸中，充分搅拌均匀后于傍晚撒于田间，防治效果好，并可兼治蝼蛄。

6. 适时采收

一般5月中旬即可采收。

第二节 甘蓝栽培管理技术

1. 品种选择

甘蓝选用早熟、抗寒性强的品种，如8398、中甘11等。

2. 播种育苗

甘蓝育苗最好采用温床、塑料拱棚、阳畦或日光温室空闲地，苗龄一般60~70天。12月下旬播种，幼苗出土前温度保持在白天20~25℃、夜间15℃，幼苗出土后及时放风控温，白天温度为18~23℃，夜间床温不低于10℃。小苗有3片真叶就可分苗，苗距一般为8厘米×8厘米或10厘米×10厘米，幼苗达5片真叶前要做好管理，早间苗、蹲苗，以防徒长，叶面喷施微量元素肥。

3. 定植

定植前1周左右要进行炼苗，经过炼苗的壮苗耐寒性强，适期定植是早熟春甘蓝高产的重要环节。甘蓝较耐寒，一般棚内10厘米表土地温稳定在5℃以上，气温稳定在8℃以上时就可以定植。如果定植过早，地温偏低，定植后往往烂根死苗；定植过晚，则影响经济效益。一般选择无风晴天定植。河南省一般在2月底~3月初定植甘蓝。

定植前1天下午要将苗畦浇透水，以利于起土坨。起苗时土坨以5厘米×5厘米×3厘米为宜，土坨太小会伤根。每棚种植6行甘蓝，行距40厘米，株距33厘米。

4. 田间管理

定植后，需浇1次缓苗水。3月中下旬，当气温达到20℃开棚通风，15:00左右封口。4月上旬可酌情半揭膜或全揭膜，终霜期全揭膜。甘蓝结球初期进行第二次追肥，施优质复合肥或腐熟的人粪尿。此后每隔5~7天浇1次水。叶球生长盛期，进行第三次追肥，可促进叶球紧实。

5. 病虫害防治

春甘蓝的主要病害有灰霉病、黑斑病、黑腐病、霜霉病、软腐病等，主要虫害有菜青虫、小菜蛾、蚜虫、甘蓝夜蛾、菜螟（钻心虫）等。

（1）**灰霉病**　加强保护地或露地田间管理，严密注视棚内温湿度，及时降低棚内及地面湿度；发病时应及时喷洒50%腐霉利可湿性粉剂1500倍液，或50%异菌脲可湿性粉剂1000~1500倍液，或50%异菌脲可湿性粉剂1000~1500倍液，或40%硫黄·多菌灵悬浮剂600倍液，每亩喷药液50~60升，每隔7~10天喷1次，连续防治2~3次。

（2）**黑斑病**　播种前，将种子用50℃的温水浸泡20~30分钟，捞出后摊开冷却，晾干后播种；也可用75%百菌清或50%福美双或70%代森锰锌可湿性粉剂拌种，用药量为种子重量的0.4%。初发病时，及时喷药进行防治，药剂可用75%百菌清可湿性粉剂600倍液，或70%代森锰锌可湿性粉剂500倍液，或58%甲霜·锰锌可湿性粉剂500倍液，或40%多菌灵悬浮剂600倍液，或50%异菌脲可湿性粉剂1000倍液，或50%腐霉利可湿性粉剂1500倍液。每隔7天左右喷1次，连喷2~3次。

（3）**黑腐病**　发病初期及时拔除病株，喷洒14%络氨铜水剂350倍液，或77%氢氧化铜可湿性粉剂500倍液。

（4）**霜霉病**　发病初期可用72%霜脲·锰锌可湿性粉剂600倍液，或687.5克/升氟菌·霜霉威600倍液，或52.5%噁酮·霜脲氰水分散粒剂1500倍液防治，每隔7~10天喷1次，连续防治2~3次。

（5）**软腐病**　及时防治害虫，减少植株损伤，浇水宜小水勤浇，不可大水漫灌。采收后彻底清除病株残体，予以深埋或烧毁；避免形成各种伤口；加强田间检查，发现病株及时拔除，并将生石灰撒在病株穴内及周围进行土壤消毒，同时进行药剂防治。常用药剂有90%新植霉素可溶性粉剂3000溶液、50%敌磺钠可溶粉剂500~1000倍液、50%代森锌水剂800~1000倍液，每隔7~10天喷1次，连喷2~3次，注意务必将药喷洒到植株根部、底部、叶柄及叶片上。

（6）菜青虫　可选用20%杀灭菊酯乳油2000倍液或5%氯虫苯甲酰胺水分散粒剂1500倍液防治，交替使用，连续防治2~3次。

（7）小菜蛾　药剂防治必须注意不同性状的农药间交替轮换使用，掌握在幼虫2~3龄前防治。常用药剂有5%氯虫苯甲酰胺悬浮剂1500倍液，或5%氟啶脲乳油4000倍液，或40%氟虫·乙多素水分散粒剂3000倍液等。

（8）蚜虫　选用具有内吸、触杀作用的低毒农药。喷药要细致，特别注意心叶和叶背面。常用的药剂有50%抗蚜威可湿性粉剂2000~3000倍液，或10%吡虫啉可湿性粉剂3000倍液，或20%吡蚜酮可湿性粉剂4000倍液。

（9）菜螟（钻心虫）　喷药防治必须抓住成虫盛发期和幼虫孵化期进行，可用40%氟虫·乙多素水分散粒剂3000倍液，或20%杀灭菊酯乳油2000倍液防治。

6. 适时采收

4月20日左右，待叶球长到400~500克且基本紧实后及时采收。

第三节　不结球白菜栽培管理技术

1. 品种选择

选择耐热、耐湿的品种，如新夏青、夏冬青、华王、夏王等，必要时遮阴。

2. 播种育苗

选择土壤肥沃，排、灌水方便，保水保肥力强，前茬未种植十字花科蔬菜的土地。投入充分腐熟的农家肥1000千克/亩左右，进行机械翻耕，深度为20~25厘米，然后开沟做畦，畦宽1.2~1.5米。

直接直播,也可以采用育苗移栽。直播采用撒播,播种后轻轻拍压,用2层遮阳网覆盖畦表面,夏季降温保湿。播种要疏密适当,使苗生长均匀。作为鸡毛菜(播种后20天左右采收)生产时,用种量较大,为3.5~4.5千克/亩;作小不结球白菜(单株重0.1~0.2千克时采收)生产时,用种量为0.35~0.5千克/亩。

3. 苗期管理

播种后3~4天,出苗达到60%以上时揭去遮阳网,同时拔除苗床杂草。作为小不结球白菜栽培的,出苗15天左右间苗1次,留苗间距为4~6厘米;7~10天后再间苗1次,留苗间距为10~12厘米。苗期合理施肥,在3叶期根据幼苗的生长情况施肥1次,尿素用量为3千克/亩左右。

4. 田间管理

不结球白菜根系分布浅,耗水量多,因此整个生长期要求有充足的水分。移栽后浇定根水1~2次,以促进幼苗成活。不结球白菜生长期间应保持一定的土壤含水量(60%~70%),天气较干旱,土壤含水量不足时及时浇水或灌水,灌水采用沟灌,水不能漫过畦面。遇上连续阴雨时,需及时排水,确保田间不积水。

不结球白菜生长期短,施肥应以底肥为主。追肥在移栽成活后3天或直播地苗龄15天后开始施用,施肥量为尿素3~5千克/亩,每15天补充氮肥1次,每次施用尿素5~7.5千克/亩,收获前15天停止施肥。

移栽成活后结合中耕除草1次,以后视田间杂草生长情况再中耕除草1次。直播田块,可在杂草生长初期及时拔除,或用小刀挑除。

5. 病虫害防治

夏不结球白菜以虫害为主,主要有蚜虫、小菜蛾、黄条跳甲、菜青虫、甜菜夜蛾等,主要病害是霜霉病。

(1)蚜虫 每亩用10%氯噻啉可湿性粉剂15~20克喷雾防治。

(2)小菜蛾 每亩用12%甲维·虫螨腈悬浮剂50~60毫升或60克/升乙基多杀菌素悬浮剂20~40毫升喷雾防治。

(3)黄条跳甲 每亩用28%杀虫环·啶虫脒可湿性粉剂70~100克或15%哒螨灵乳油60~80毫升喷雾防治。

（4）**甜菜夜蛾** 每亩用 24%甲氧虫酰肼悬浮剂 20~30 毫升或 50 克/升虱螨脲乳油 50~60 毫升喷雾防治。

（5）**霜霉病** 每亩用 80%烯酰吗啉水分散粒剂 30~40 克喷雾防治。

以上药剂安全间隔期为 7 天。同时，采用防虫网覆盖栽培，大棚两边使用防虫网，畦面上插置黄色粘虫板，减少害虫的危害，以提高不结球白菜产品的质量和产量，如果发现小菜蛾、菜青虫、甜菜夜蛾、蚜虫、跳甲等虫害和霜霉病，应及时防治。

6. 采收、包装

进行鸡毛菜生产，当幼苗有 3~5 片真叶时即可采收；采收时将幼苗连根拔起，用刀切去根部。

进行不结球白菜生产，当不结球白菜单株重 0.1~0.2 千克或符合客户要求的标准时，可开始采收；采收时，选择符合采收标准的植株，用刀从茎基部切起，并去掉老叶、黄叶，然后整齐地堆放在一起。

不结球白菜按规格要求，每 3~4 株作为 1 束，用包扎带在距不结球白菜叶柄基部 5 厘米处包扎，在每束不结球白菜外叶上贴上商标，放入 50 厘米×40 厘米×18 厘米的纸箱中；也可不包扎，直接整齐地放入纸箱中。鸡毛菜可直接整齐地放入纸箱中。然后用电子秤称重，每箱不结球白菜净重为 5 千克，在纸箱外标明品名、产地、生产者、规格、株数、毛重、净重、采收日期等。

第四节 红菜薹栽培管理技术

1. 品种选择

根据当地市场需求合理选择品种，如紫婷 2 号、佳红、紫福、鄂红 4 号等。

2. 播种育苗

可直播也可育苗。播种期根据品种特性，结合当地气候条件确定。早熟品种多于 8~9 月播种育苗，晚熟品种于 9~10 月播种育苗，中熟品种的播种期在上述两者之间。播种过早，花芽分化推迟，营养生长期加长，会延迟抽薹；播种过迟，则花芽分化提早，抽薹提前，不利于菜薹提高产量且容易发生病毒病和软腐病。

苗床应选择较肥沃的壤土或沙壤土，施入腐熟有机肥料，每平方米苗床约用10千克的腐熟畜禽粪与人粪尿的混合肥，肥料要与畦土充分掺匀，然后精细耕耙、整平，浇透底水，待水渗入畦面约10厘米，随后在畦面上均匀地撒一层厚约0.3厘米的过筛细土，即可播种。

每亩大田用种量为20克，需用苗床25米^2。将干籽撒播在已准备好的苗床上，要播得均匀，可把种子分成多份，每平方米用种子1克左右。播后泼稀粪肥覆盖，或撒一层经过筛的细土，约0.2厘米厚，能遮盖住种子便可。畦面可再覆盖遮阳网保湿，种芽露出即除去遮阳网。适宜条件下需5~7天出苗。

3. 苗期管理

播种后覆盖银灰色遮阳网以降温保湿，驱蚜虫、防病毒，至移栽前10天撤网炼苗。保持床土湿润，3~4天即可出苗。真叶抽出后开始间苗，以后每隔4~5天间苗1次，及时将弱苗、病苗和杂苗去掉，保持种纯苗壮，至移栽前保持6~10厘米苗距。每次间苗后薄施人粪尿。移栽前2~3天追施1次清粪水，并喷施1次90%乙磷铝可溶粉剂1000倍液，带肥带药定植。一般每亩苗床可栽大田1~1.3公顷。

育苗期20~25天，苗龄短，抗逆性差；苗龄长，影响花薹发育。一般在幼苗长到5片真叶时即可定植。

4. 定植

红菜薹对土壤要求不严格，但以保水保肥的土壤更适宜种植。栽植前深翻整地，看地力情况施足底肥，一般可施用经沤熟的禽畜粪和人粪尿混合肥3000~4000千克，耙平后做畦。夏秋栽培宜做高畦。平畦宽1米、种2行，或宽1.6米、种4行，畦的高度以方便排灌水为原则，双行种植。

幼苗苗龄25~30天，有5~6片真叶时定植。定植前1天要把苗床灌透水，第二天起苗时带土移栽。挖苗时尽量减少伤根、断根。栽根入土，不得埋心，定植后浇透定根水。种植密度以株行距40厘米×35厘米为宜，每亩栽植3500株左右。

5. 田间管理

定植后 2~3 天需连续在早晚浇复水。成活以后,视土壤湿润和天气情况浇水,缓苗后视具体情况,每 10~15 天追 1 次肥,每亩施尿素或复合肥 10~15 千克,连续追施 2~3 次。及时中耕、除草,促进早发棵,早抽薹。

开始抽薹时,肥水要充足,红菜薹受旱容易发生病毒病,水多了则易发生软腐病,所以排灌要适当。每采收 1 次红菜薹,应及时追施 1 次 30%~40% 的粪肥,以保证肥水供应。主薹采收后,供足肥水,争取第三轮侧薹粗壮。追肥也可用复合肥。

11 月以后气温下降,应控制肥水,以免生长过旺而遭受冻害。

6. 病虫害防治

秋延迟红菜薹的主要病虫害有霜霉病(彩图 25)、菌核病(彩图 26)、软腐病、病毒病、蚜虫、菜蛾、斜纹夜蛾等。

(1) 霜霉病 发病初期开始喷药,每隔 7~10 天喷 1 次,连续喷 3~4 次,喷药时应周到细致,特别是老叶背面要喷到,可用药剂有 40% 乙磷铝可湿性粉剂 250 倍液、25% 甲霜灵可湿性粉剂 1000 倍液、60% 噁霜·锰锌可湿性粉剂 500 倍液、75% 百菌清可湿性粉剂 600 倍液、2% 农抗 120 水剂 200 倍液。

(2) 菌核病 可用 50% 腐霉利可湿性粉剂 1000~1500 倍液,或 50% 异菌脲可湿性粉剂 1000~150 倍液,或 50% 啶酰菌胺水分散粒剂 1500~2000 倍液,或 40% 菌核净可湿性粉剂 500 倍液,或 50% 咪鲜胺可湿性粉剂 1000 倍液等喷雾防治。

(3) 软腐病 发病初期用 65% 代森锌可湿性粉剂 600 倍液,或 90% 新植霉素可溶性粉剂 4000 倍液喷雾防治。

(4) 病毒病 用 5% 菌毒清水剂 300 倍液或 20% 病毒 A 可湿性粉剂 500 倍液等防治。

(5) 蚜虫 用 10% 吡虫啉可湿性粉剂 3000 倍液或 20% 氰戊菊酯 4000 倍液喷雾防治。

(6) 菜蛾 用 5% 氟啶脲乳油或 5% 氟虫脲乳油或 5% 农梦特乳油等 1000~2000 倍液喷雾防治。

（7）**斜纹夜蛾** 用2.5%联苯菊酯或20%灭杀利乳油或20%氰戊菊酯乳油3000倍液进行防治。

7. 适时采收

红菜薹是以侧薹为主要食用部分，因此主薹应尽量早采，以促进侧薹早发。菜薹在长25~35厘米，有2~3朵花开放时采收为佳。主薹应尽量靠基部采收，侧薹则在基部保留1~2个叶腋芽后采收，确保以后抽发的侧薹粗壮，从而保证后期产量。采收时切口略斜，以免积存肥水，可减少软腐病发生。

第九章 芦笋周年高效种植

【种植茬口】

南方地区周年均可以育苗，育苗期一般为70~100天，育苗时间应根据定植茬口确定。春播为3月上旬~5月上旬，夏播为5月中旬~7月上旬，秋播为8月中旬~9月中旬。生产上主要采用秋播，每亩大田用种量45~60克。

以上所述为江南地区的种植日期，其他地区应适时调整。

1. **品种选择**

芦笋选择优质高产抗病的品种，如井冈红、井冈701等。

2. **播种育苗**

（1）**育苗时间** 根据种植时间，提前2~3个月育苗。

（2）**苗地选择** 育苗地应选择无立枯病和紫纹羽病等病菌、土壤肥沃、透气性较好、排灌条件较好的沙质土壤，果园、桑园、苎麻园等不宜作为育苗地。有条件的地方也可采取营养钵或穴盘育苗。

（3）**种子处理** 芦笋种子外有一层坚硬的蜡质，因此播种前必须浸种催芽。浸种前先用清水将种子漂洗，再用50%多菌灵可湿性粉剂300倍液浸泡12小时。然后用水浸泡2~3天，每天换水1~2次，让种子吸足水分。再用湿毛巾将种子盖上催芽，每天用清水冲洗1次种子避免闷种，等种子有10%左右露白时即可播种。

（4）**播种** 每亩苗床地表撒施3000~5000千克充分腐熟的农家肥，用70%噁霉灵可湿性粉剂3000倍液于地表均匀喷雾后，浅耕20厘米深，开约 1.2 米宽的苗床。播后覆细土 2~3 厘米，株行距为 10 厘米×10 厘米。为防蝼蛄等地下害虫，可在畦面撒少量 5%辛硫磷颗粒剂。苗床覆盖地膜保湿（低温用白色膜，高温用黑色膜），约 10%苗出土后撤去地膜。

（5）播种后管理 芦笋播种后一般 10~15 天可齐苗，齐苗后 20 天左右追施稀薄的人粪尿或 0.3%的尿素水溶液，以后每隔 20 天左右追施 1 次。齐苗后，杂草也随之长出地面，将杂草拔除，防止与芦笋幼苗争夺阳光、水分和营养，移栽前 10~15 天应控水炼苗。早春育苗时如果温度较低，可采用小拱棚覆盖，使小拱棚内温度白天达到 25℃左右、夜间达到 15℃左右。夏季育苗时因温度较高，可覆盖遮阳网降低温度。当小苗长出 3 根以上地上茎时（出土后 60 天左右），即可移栽。

3. 定植

（1）定植地选择 定植芦笋的地块除要求土层深厚、疏松、肥沃、重金属含量低、地下水位较低和有排灌条件外，土壤硒含量需达到 0.4 毫克/千克的富硒土壤标准。

（2）定植时间 春季一般在芦笋苗萌动前进行，选用上一年 8~9 月育的苗进行移栽。

（3）定植密度 拱棚内芦笋采用南北方向栽植，行距为 120~140 厘米，株距为 25~30 厘米，每亩栽 1500~2000 株。

（4）定植方法 定植前先深翻，整平土地，畦宽 1.0 米左右。单行定植，在畦中间开 1 条宽 40 厘米、深 30 厘米的沟，将开沟土回填至 15 厘米后，向沟内每亩施入优质有机肥 5000 千克、复合肥（15-15-15）50 千克，与回填土混合。再回填 1 次土，使沟深 7 厘米左右，然后浇水沉实。厢面均匀喷洒 70%噁霉灵可湿性粉剂 3000 倍液进行消毒，并撒施 5%辛硫磷颗粒以清除地下害虫。栽植时在沟中间开 1 道浅沟，将芦笋苗按预定株距定植，芦笋定植后的总深度应低于地面 10~15 厘米，定植时根系要舒展，边定植边浇水。随着芦笋苗的生长逐渐将定植沟填平，使芦笋苗的深度保持在低于地面 10~15 厘米。要定向定植，即地下茎着生鳞芽的一端要顺沟朝同一方向，排成一条直线，便于以后培土采笋。

4. 定植后管理

（1）定植当年 春季芦笋定植成活后，5 月中旬，当芦笋植株高度超

第九章 芦笋周年高效种植

过1.0米时应及时打顶,防止植株徒长,并促进分枝。6月中下旬,当芦笋植株高度达到1.5米时容易发生倒伏,此时需要搭扶持架,在架上系绳索进行固定。从春季定植到夏季割母茎前不采收商品笋。8月中旬,距离畦面10~20厘米处割除逐渐枯黄的地上茎,在畦两边开浅沟,每亩施入复合肥(15-15-15)7~10千克,每隔15天施1次,共施2次。当萌发的新茎长到20厘米高时,选择直径在1厘米左右的嫩茎作为母茎继续生长,每株芦笋留3~4根嫩茎,留母茎30天后即可采收商品笋。采笋期间每隔15~20天追肥1次,每次每亩施复合肥(24-8-8)7~10千克。

(2)定植第二年及以后采笋年 根据芦笋生长发育特点,重点施好冬季催芽肥、夏笋肥和秋发肥。12月中下旬,结合冬季清园后的中耕培土,在离芦笋根部20~30厘米处开深10厘米的沟,每亩施有机肥3000~5000千克、复合肥(15-15-15)50千克,有利于满足鳞芽及嫩茎对养分的需求;第二年5月中旬~6月上旬,春母茎留养成株后,每亩每月施复合肥(15-15-15)7~10千克,共施2次;8月下旬夏季清园后,结合中耕培土,每亩施复合肥(15-15-15)10~20千克,以促进芦笋健壮秋发,为第二年优质高产积累营养,培育多而壮的鳞芽。采笋期间根据芦笋母茎的长势或采笋情况,每亩施复合肥(24-8-8)7~10千克,每隔15~20天施1次,共施6~8次。

5. 植株管理

(1)留养春母茎 采收春芦笋到3月下旬~4月上旬,在长出的嫩茎中选取4~5根粗壮的嫩茎留作母茎,留养的母茎要求分布均匀,株高为1.3~1.5米时摘心,去除残叶,一般每隔1.5~2.0米立1根1.3米高的支架,当地上茎形成时,用绳子拢住两桩间的地上茎。

(2)留养秋母茎 8月下旬夏季清园后进行秋母茎留养,1~2年生的芦笋每株留3~4条,3年生以上的每株留4~5条。芦笋株高为1.3~1.5米时摘心,及时立支架、拉双线,预防倒伏。

6. 病虫害防治

芦笋的主要病害有茎枯病(彩图27)、褐斑病(彩图28)、根腐病等,芦笋的主要虫害有甜菜夜蛾、斜纹夜蛾、蓟马、蚜虫等,其中以甜菜夜蛾危害最严重。

（1）茎枯病 可用40%芦笋青粉剂6000倍液，或70%甲基托布津可湿性粉剂800~1000倍液喷雾防治。

（2）褐斑病 发病初期可用70%甲基托布津可湿性粉剂800~1000倍液，或50%代森铵水剂1000倍液防治，连续用药2~3次，每隔7~10天喷1次。

（3）根腐病 拱棚栽培以芦笋根腐病发病最为严重，在芦笋的各个生长季节均可发生，尤其是在高温的雨季。应在冬季做好清园的基础上，及时进行土壤消毒。个别出现根腐病的地块，发病初期可用50%多菌灵可湿性粉剂500倍液，或45%代森铵水剂300倍液灌根。雨水是病菌孢子传播的载体，避免水流传播是预防芦笋根腐病发生的关键。因此，要做好开沟降湿，降低地下水位，及时排除积水。

（4）夜蛾类 可采用昆虫性诱剂进行诱杀，每亩拱棚悬挂1~2个专用诱捕器。低龄幼虫期可用20%氯虫苯甲酰胺悬浮剂3000倍液，或15%茚虫威悬浮剂3000倍液等喷雾防治。

（5）蓟马与蚜虫 可用色板诱杀，每亩悬挂25厘米×40厘米的蓝（黄）色粘虫板30~40块。蓟马发生初期可用6%乙基多杀菌素悬浮剂2000倍液，或10%溴氰虫酰胺悬浮剂2000倍液喷雾防治。蚜虫发生初期可用70%吡虫啉可湿性粉剂1500倍液，或10%溴氰虫酰胺悬浮剂2000倍液喷雾防治。

7. 清园

12月中下旬以后进行冬季清园，将老母茎全部除掉，清除落叶杂草，集中处理烧毁。清园后注意做好土壤消毒，用40%多·锰锌可湿性粉剂600倍液或45%石硫合剂晶体300倍液浇灌芦笋根部及周围土壤。8月下旬再进行1次夏季清园，选晴天割除地上部植株、杂草，并搬出芦笋田进行集中处理，松土后浇灌40%多·锰锌可湿性粉剂600倍液进行土壤消毒。

8. 适时采收

芦笋定植后当年即可开始采收，一般第三年进入盛产期，可连续采收15~20年。芦笋每年分春、夏、秋3季采收，采笋一般在上午进行。采收的芦笋进行分级整理包装，一般分为茎粗0.8厘米（长22厘米）、0.8~

1.2厘米（长26厘米）、1.2厘米以上（长32厘米）3个等级。春笋在2~3月采收，2月底~3月初芦笋嫩茎开始陆续钻出土面，这些刚钻出土面的芦笋嫩茎称为"光头笋"，当"光头笋"长到30厘米高、茎粗达1厘米时即可采收，每亩产量300~400千克，占全年产量的30%左右。4月初，在长出的嫩茎中选取4~5根粗壮的嫩茎留作母茎，其他陆续长出的嫩茎在达到商品规格时采收上市。夏笋在5~8月采收，每亩产量600~700千克，占全年产量的45%左右。秋笋在9~10月采收，每亩产量400~500千克，占全年产量的25%左右。全年每亩商品嫩笋产量约1500千克。

第十章 春黄瓜+夏番茄+秋芸豆高效种植

【种植茬口】

春黄瓜：上一年12月中下旬育苗，第二年2月上中旬定植，4月中旬开始采收，6月下旬拉秧。

夏番茄：6月上旬育苗，6月下旬~7月上旬定植，9月下旬开始采收，11月中下旬拉秧。

秋芸豆：8月上中旬直播，采收至11月中下旬。

以上所述为黄淮地区的茬口日期，其他地区应适时调整。

第一节 黄瓜栽培管理技术

1. 品种选择

选用耐低温弱光、抗病性强、早熟丰产、品质优良的品种，如津优35号、博耐3号、津优10号、中农15号、新泰密刺等。

2. 播种育苗

春茬黄瓜采用嫁接苗，嫁接砧木多选用黑籽南瓜，于日光温室中播种育苗，采用靠接法嫁接，每亩黄瓜用种量为100~150克。

(1) 浸种催芽 播种前1~3天进行晒种，晒种后将种子置于55℃的温水中浸种10~15分钟，并不断搅拌直至水温降到30~35℃，将种

第十章 春黄瓜+夏番茄+秋芸豆高效种植

子反复搓洗,并用清水洗净黏液,再浸泡4小时左右,将浸泡好的种子用洁净的湿布包好,放在28~32℃的条件下催芽1~2天,待80%种子露白时播种。砧木种子的处理,除了浸泡延长至6~8小时,其他的操作和黄瓜的一样。可购买黄瓜专用育苗基质,或自行配制营养土,如草炭、蛭石和珍珠岩的比例为3:1:1或牛粪、菇渣、草炭、蛭石的比例为2:2:4:2。

(2)播种管理 早春季节播种应在定植期前35~40天进行且砧木比黄瓜晚播种7~10天。将相对含水量为30%~40%的基质均匀填装至50孔穴盘,用刮板刮去穴格以上多余基质,按压出约1厘米深的播种穴。播种后覆盖厚1.0~1.5厘米的湿润育苗基质或湿沙。播种后淋透水、覆膜。当出苗率达到60%时揭除地膜。苗出齐后,可通过揭膜或盖膜调节苗床温度,温度控制在白天25℃左右、夜间15~20℃,注意夜间温度不宜过高,否则易形成高脚苗。待黄瓜植株生长到7~10厘米高,南瓜砧木子叶展开,其真叶长至0.5厘米时嫁接。

(3)嫁接管理 常采用靠接法。用竹签等挖掉南瓜苗的生长点,再用刀片在南瓜幼苗上部距子叶约1.5厘米处向下斜切1个35度左右的口,深度为茎粗的2/3左右,再用刀片将黄瓜上部距子叶约1.5厘米处向上斜切1个35度左右的口,深度也是茎粗的2/3左右。切好后随即把黄瓜苗和黑子南瓜苗的切面对齐插好,使切口内不留空隙,再用塑料夹子固定好。嫁接后1~3天,晴天全日遮光,温度保持在白天25~28℃、夜间不低于20℃,空气相对湿度在95%以上。嫁接后4~5天可逐渐减少遮阴时间,适当增加光照,揭开小拱棚顶部进行少量通风,空气相对湿度保持在80%以上。嫁接5~7天以后可逐渐通风,不再遮阴。嫁接7~10天后,如果生长点不萎蔫,心叶开始生长即可转入正常管理。定植前7天温度控制在白天20~23℃、夜间10~12℃进行炼苗。

3. 定植

定植前,棚内要施足底肥,每亩施腐熟农家肥5000千克、复合肥(15-15-15)50千克。将肥料均匀撒施在棚内,并用旋耕机翻匀,按大行距60~65厘米,小行距为35~40厘米做畦,覆盖地膜,将全畦面和畦沟均匀覆盖,接缝留在畦沟处,以提高地温。2月上中旬,在黄瓜幼苗株高10~12厘米、有4~5片真叶时定植。定植后加盖小拱棚，大拱棚膜内用塑料膜拉起2层幕。每亩保苗2500株左右。

4. 田间管理

（1）**温度管理** 定植后5~7天内不通风，促进缓苗，温度控制在白天28~30℃、夜间不低于18℃。缓苗后采用4段变温管理：8:00~14:00，温度为25~30℃；14:00~17:00，温度为20~25℃；17:00~24:00，温度为15~20℃；0:00~日出，温度为10~15℃。地温保持在15~25℃。待缓苗后可适当通风，温度控制在白天不超过30℃、夜间不低于12℃。定植后10~15天，幼苗进入了蹲苗期，白天温度维持在25~30℃，晴天中午温度超过30℃时加大放风量，棚温降至25℃时关闭风口，夜间温度维持在10~15℃，早晨揭帘前温度维持在10℃，加大昼夜温差，控制地上部的生长。结瓜期温度控制在白天25~28℃、夜间15℃左右。

（2）**肥水管理** 黄瓜的适宜土壤含水量苗期为60%~70%，成株期为80%~90%；适宜相对空气湿度，缓苗期为80%~90%，开花结瓜期为70%~85%。为了控制病害的发生，尽量保持叶片不结露、无水滴。定植时浇小水，定植后3~5天后浇缓苗水，根瓜坐住后，结束蹲苗，浇水追肥。追肥应遵循薄肥勤施的原则。初瓜期后要补充肥水，保证茎蔓生长的同时，促进瓜条生长，可每隔10天左右浇1次水，初果期一水一肥，随水冲施，每亩冲施水溶肥（20-20-20）15~20千克。当有70%~80%的根瓜达到长10~15厘米时，适合浇根瓜水来促进生长。生长后期，可叶面喷施0.2%磷酸二氢钾、0.5%尿素，延缓叶片老化。

（3）**植株调整** 黄瓜植株株高达25厘米以上、有6~7片叶时，选择在晴天的上午吊蔓。吊绳最好采用具有驱蚜作用的银灰色塑料绳。除掉黄瓜茎蔓上的卷须、第一瓜以下的侧蔓和老叶等，调整黄瓜的叶面积和空间分布，改善通风透光条件，促进瓜秧顺利生长，减少不必要的养分消耗，保证果实所需养分，提高黄瓜商品品质。当主蔓长到25片叶时摘心，促生回头瓜，根瓜应采收以免坠秧。侧蔓长瓜后留1片叶摘心。若出现花打顶时，可采取闷尖摘心，促生同头瓜，疏掉弯瓜、病瓜和多余的小瓜。待下部瓜陆续采收，植株的高度达到人不易操作时开始落蔓。落蔓前，必须把下部的老叶、病叶全部打掉,解开瓜蔓,在近地面盘绕成圆形,留8~10片叶的瓜蔓继续向上缠绕,成为新的结瓜主蔓,这样的落蔓至少要重复3~5次,能有效地延长黄瓜生育期。

5. 病虫害防治

拱棚春茬黄瓜的主要病害有霜霉病、细菌性角斑病、白粉病和枯萎病等,主要虫害有蚜虫、白粉虱、美洲斑潜蝇等。

(1)**霜霉病** 可用72.2%霜霉威盐酸盐水剂600~800倍液,或72%霜脲·锰锌可湿性粉剂800倍液,或500%甲霜铜可湿性粉剂500倍液,或72%克抗灵可湿性粉剂800倍液喷雾防治。

(2)**细菌性角斑病** 可用50%琥胶肥酸铜可湿性粉剂400~500倍液,或77%氢氧化铜可湿性粉剂500倍液喷雾防治。

(3)**白粉病** 可用15%三唑酮可湿性粉剂1500倍液,或20%抗霉菌素200倍液,或70%甲基托布津可湿性粉剂1000倍液,或50%硫黄胶悬剂300倍液等药剂喷雾防治。

(4)**枯萎病** 可用75%百菌清可湿性粉剂600倍液,或70%代森锰锌可湿性粉剂500倍液喷雾防治;也可将70%甲基硫菌灵50倍液或40%氟硅唑4000倍液,用毛笔蘸药涂抹病部进行防治。

(5)**蚜虫和白粉虱** 可用10%吡虫啉可湿性粉剂1500倍液,或2.5%三氟氯氰菊酯乳油4000倍液,或3%啶虫脒乳油1000~1250倍液喷雾防治。

(6)**美洲斑潜蝇** 可用1.8%爱福丁乳油3000倍液,或30%灭蝇胺可湿性粉剂1500倍液喷雾防治。

6. 适时采收

根瓜要及早采收,在开花后8~12天,黄瓜长到长25~30厘米,直径为2.5~3厘米,瓜条顺直,表面颜色由暗绿色变为鲜绿色且有光泽,花瓣不脱落时为最佳采收期,同时有利于植株上部开花坐果。结果盛期每1~2天要采收1次,在清晨进行,以保持瓜条鲜嫩,提高商品率。根瓜要早摘,腰瓜要及时摘,瓜秧弱的要摘小瓜、嫩瓜,瓜秧旺的适当早摘,调整植株长势,以促进丰产。

第二节 番茄栽培管理技术

1. 品种选择

该茬番茄苗期处于高温多湿季节,宜选用较耐强光、耐高温、高抗病毒病的高产优质品种,如毛粉802、中蔬四号、百灵、格雷、宝丽、金棚10号、欧冠等。

2. 播种育苗

(1) 基质配制 配制的基质注意要疏松透气、肥沃均匀、酸碱适中、不含虫卵。常用的配方有草炭:珍珠岩:蛭石为6:3:1,草炭:牛粪:蛭石为1:1:1,夏季育苗可减少珍珠岩的比例,保持水分。配制过程中采用40%的福尔马林300~500倍液或50%多菌灵可湿性粉剂进行基质灭菌消毒,添施复合肥(15-15-15)1~1.5千克/米^3。

(2) 基质装盘 播种前1天进行基质装盘。将配好的基质(含水量60%)用硬质刮板轻刮到苗盘上,以填满为宜,多余的基质用刮板刮去,至穴盘格清晰可见,穴盘基质忌压实、忌中空。当天装不完的基质,第二天需上下翻1遍,保证装盘的基质土干湿度基本保持一致。装好营养土的苗盘上下对齐重叠5~10层,用地膜覆盖保持湿度,便于第二天点种时压窝。压窝深度不宜超过1.5厘米,适宜深度为0.5厘米,每次压窝用力要均匀,深浅一致。过深不利于出苗,过浅容易戴帽出苗。

(3) 种子处理 将种子放入50~55℃温水中不停地搅拌降至常温,再浸泡8~12小时,或用0.2%高锰酸钾溶液浸泡15~20分钟后用清水反复冲洗,或先将种子用清水浸泡1~2小时,再用10%磷酸三钠溶液或50%多菌灵200倍溶浸泡20~30分钟,最后用清水反复冲洗后催芽。将种子放在28~30℃恒温条件下催芽,3~4天后开始发芽,适当的变温处理可明显提高出芽整齐度,具体方法为每天的处理保持在16小时30℃+8小时20℃,催芽过程中每天用清水投洗1次。70%种子露白时即可播种。

(4) 播种管理 采取人工或机械点播,播后覆盖基质、浇水,浇水程度以水渗至孔穴的2/3为宜。播种后遮阴,3~4天苗刚出齐后,去除遮盖物,覆盖防虫网。为防止徒长,管理上以控为主,浇水以小水为主。根据秧苗长势，当稍有徒长时，每隔5~7天喷助壮素1~2次。定植前不必追肥，定植前2~3天停止浇水。播种至齐苗期，温度控制在白天25~30℃、夜间12~18℃；齐苗至分苗期，温度控制在白天20~25℃、夜间14~16℃；分苗至定植期，温度控制在白天20~25℃、夜间10~15℃。注意出现高温时必须通风。

3. 定植

前茬黄瓜采收后，深耕翻地。由于前茬已施足有机肥，所以每亩施入复合肥（15-15-15）50~60千克后起垄。垄宽120厘米，其中沟宽40厘米，垄高15~20厘米。番茄苗龄为28~32天，有3叶1心，苗高16~22厘米时定植。可先起垄覆膜再坐水栽植，也可栽植后灌水缓苗再覆膜。栽植的同时固定好吊绳。此茬番茄采取大小行定植，小行距为45~55厘米，大行距为60~70厘米，株距为33~38厘米。定植后浇足缓苗水。

4. 田间管理

（1）温度管理 定植后至缓苗期要适当提高棚温，白天超过30℃时放风。缓苗后棚温超过28℃时放风。当外界最低气温稳定在12℃以上时可昼夜通风，防止出现超过35℃的高温。

（2）肥水管理 定植后土壤湿度维持在田间最大持水量的70%~80%。缓苗后随气温升高逐渐增加浇水量，不同土质条件下，每隔4~7天浇1次水。浇水宜在清早进行，起垄栽培的，在傍晚进行浇水。第一穗果膨大前即第二花序开花前，适当控制浇水，防止徒长。为防止气温过高导致幼苗徒长，可于第一次追肥后喷洒多效唑，但要严格注意使用浓度。待第一花序坐住果并开始膨大时，结合浇水施肥，以后每穗果追肥1次或每隔10天追肥1次，每次追水溶肥（20-20-20）8~10千克/亩或复合肥（15-15-15）15~20千克/亩，同时注意施入适量钙、镁、硼、锌、钼等营养元素，可采取叶面喷施海藻螯合微量元素肥或冲施海藻镁、聚谷氨酸钙等方式施入。进入持续结果期后，加强肥水管理。由于该茬番茄前期果实成熟速度快，因此要适时早采收，有利于植株继续坐果，提高产量。

（3）整枝打杈 采取单干5穗果整枝和吊绳落蔓的方法，棚两侧较低处可采取双干4穗果整枝。摘除无用侧枝、多余的花、病残底叶和畸形果。留果5穗，每穗留4~5个长势均匀的果，留足计划果穗后，顶部留2

片叶打顶摘心。将蔓按垄下放接地后，再重新换绳吊蔓。落蔓应在午后进行。

（4）保花保果　夏季气温过高，导致花的授粉受精能力较弱，常常造成大量的落花落果，可在盛花期用15~20毫克/千克2，4-D或20~30毫克/千克番茄灵或25~30毫克/升坐果灵蘸花或花柄，提高坐果率。

（5）疏花疏果　开花时，每穗选留6~7朵壮花，其余的疏掉。坐果后，如坐果偏多时，去掉第一个果和末尾小果及畸形果，选留4~5个好果。光照强的位置和壮秧可多留果，反之少留果。

5. 病虫害防治

夏番茄的主要病害有苗期立枯病、猝倒病、茎腐病，生长期病毒病、脐腐病和晚疫病等，主要虫害有蚜虫、白粉虱、烟青虫等。

（1）立枯病、猝倒病　可用75%百菌清可湿性粉剂600~800倍液，或20%甲基立枯磷1000~1200倍液，或50%异菌脲可湿性粉剂1000~1500倍液防治。

（2）茎腐病　可用50%异菌脲可湿性粉剂1200~1500倍液，或72%霜脲·锰锌800倍液等药剂防治。

（3）病毒病、脐腐病　初发期可用20%病毒A可湿性病粉剂500倍液，或1.5%植病灵1000倍液均匀喷雾防治；脐腐病可在番茄坐果后1个月内，喷洒1%过磷酸钙或0.5%氯化钙+5~10毫克/千克萘乙酸溶液进行预防，每隔15天喷1次，连喷2次。

（4）晚疫病　可用40%乙霜灵可湿性粉剂250倍液，或58%瑞毒锰锌可湿性粉剂500倍液喷雾防治。

（5）蚜虫　可用50%灭蚜松乳油2500倍液，或20%氰戊菊酯乳油2000倍液，或50%抗蚜威可湿性粉剂2000~3000倍液，或10%蚜虱净可湿性粉剂4000~5000倍液防治。

（6）白粉虱　可用10%噻嗪酮乳油1000倍液，或25%灭螨猛乳油1000倍液，或10%蚜虱净可湿性粉剂4000~5000倍液喷雾防治。

（7）烟青虫　可用5%氯氰菊酯乳油2000倍液，或10%吡虫啉可湿性粉剂1500倍液喷雾防治。

6. 适时采收

番茄果实转色时陆续采收。

第三节　芸豆栽培管理技术

1. 品种选择

芸豆的种类主要有大白芸豆、大黑花芸豆、黄芸豆、红芸豆等,其中大白芸豆和大黑花芸豆最为著名。秋茬套种芸豆可选择密集的矮生性丰产优质品种,如供给者、新西兰3号、优胜者。

2. 播种

播种前10~15天要进行晒种和选种,晒2~3天以提高发芽率,然后放入25~30℃的温水中浸泡12小时左右,捞出进行催芽。在棚室内用湿土催芽,当种芽长出约1.5厘米时,于番茄行间按株距30厘米开穴,浇小水后点播。播种量依据种子大小而定,一般5千克/亩左右,播种深度以3~4厘米为宜。播种后要镇压,使种子与土壤紧密接触。

3. 田间管理

（1）温度管理　芸豆生长期适宜温度为15~25℃,其中苗期保证温度白天不高于32℃、夜间不高于18℃,防止形成高脚苗;开花结荚期适宜温度为20~25℃,应避免出现低于10℃和高于30℃的温度,以免温度过高或过低造成落花。

（2）肥水管理　播种时浇透水,到芸豆开花前不再施肥水。若土壤过干或植株长势较弱,可在开花前浇1次小水,并追施提苗肥,施复合肥（15-15-15）5~10千克/亩。坐荚后需要大量的水分和养分,待幼荚长3~4厘米时开始浇水,结荚1周左右浇1次水,使土壤相对湿度保持在60%~70%。结荚期为重点追肥时期。第一批芸豆坐住荚后每亩随水冲施硫酸钾复合肥（15-15-15）10千克,同时配合微生物菌肥或含腐殖酸大量元素水溶肥以利于生根养根。如果棚内过于干旱,也可以在现蕾开花前轻浇小水,防止因干旱造成落花。注意浇水一定不要太大,以免造成落花。当植株上的嫩荚长5~8厘米时,结合浇水进行第二次追肥,施复合肥（15-15-15）10~15千克/亩。以后每采收1茬追肥1次，施复合肥（15-15-15）10千克/亩。

4. 病虫害防治

芸豆的主要病害为锈病（彩图29）、炭疽病（彩图30）、根腐病等，主要虫害有菜青虫（彩图31）、蚜虫、潜叶蝇（彩图32）、豆荚螟等。

（1）锈病 发病初期可用15%三唑酮可湿性粉剂1500倍液，或10%世高水分散粒剂2000倍喷雾防治。

（2）炭疽病 可用80%炭疽福美可湿性粉剂600倍液，或70%甲基托布津可湿性粉剂600倍液喷雾防治。

（3）根腐病 可用70%甲基硫菌灵可湿性粉剂1000倍液，或50%复方苯菌灵可湿性粉剂800倍液，或20%二氯异氰尿酸钠可溶性粉剂400~600倍液喷雾防治，也可用54.5%噁霉·福可湿性粉剂700倍液灌根。

（4）菜青虫 可用1.8%阿维菌素乳油3000~4000倍液，或2.5%高效氯氟氰菊酯乳油3000倍液喷施防治。

（5）蚜虫 可用10%吡虫啉可湿性粉剂3000倍液，或50%抗蚜威可湿性粉剂2000倍液，或70%灭蚜松可湿性粉剂1000倍液喷雾防治。

（6）潜叶蝇 可用1.8%阿维菌素乳油3000~400倍液，或20%氰戊菊酯300倍液，或25%灭幼脲2000倍液，或50%蝇蛆净1000~2000倍液喷雾防治。

（7）豆荚螟 可用10%氯氰菊酯悬浮剂5000倍液，或25%灭幼脲3号悬浮剂1500倍液，或20%氰戊菊酯乳油2000倍液，或2.5%溴氰菊酯乳油2000倍液，或5%氟啶脲乳油2000倍液喷雾防治。

5. 适时采收

矮生芸豆播种后50~60天开始采收，收获期30天左右。嫩荚采收在花后10~15天，采收过早，产量低；采收过晚，嫩荚易老化。结荚前期，2~4天采收1次，结荚盛期1~2天采收1次。供速冻保鲜或罐藏加工的，可在开花后5~6天采收。收获干豆粒的，可在整株叶片全部枯黄并有2/3叶片脱落时，每天上午人工手拔，然后用普通大豆脱粒机脱粒。晾晒1~2天，注意不能让强光暴晒，自然风干后入仓。

第十一章 春辣椒+夏芹菜+秋冬松花菜高效种植

【种植茬口】

辣椒：10月20日~30日播种，第二年3月上旬定植，5月中旬采收。

芹菜：6月中下旬利用空闲拱棚育苗育苗，8月中下旬拱棚内覆盖遮阳网（或双层遮阳网）后定植，9月底~10月底采收。

松花菜：9月中下旬播种，10月中下旬定植在拱棚内，2月中下旬采收。

以上所述为江南地区的茬口日期，其他地区应适时调整。

第一节 辣椒栽培管理技术

1. 品种选择

选择耐弱光、抗低温，适宜当地气候的极早熟、早熟品种，如早杂二号、伏广一号、萍椒19号、余干辣椒、樟树港辣椒等。

2. 播种育苗

10月20日前后进行拱棚育苗，育苗拱棚可采用钢架大拱棚或联栋大拱棚。育苗地点选择地势高燥、背风向阳、靠近水源、未种过茄果类蔬菜的沙壤土田块，采用床土育苗或穴盘育苗。采用苗床育苗时要求选择肥沃、疏松、富含有机质、保水保肥力强的沙壤土田块，准备育苗土，采用土壤和腐熟有机肥的比例为7∶3，经过堆沤腐熟后均匀撒在苗床上，厚度为1~2厘米，整细整平后对苗床浇透水。播种时，将种子和一定量的河沙拌匀，均匀地撒在苗床上，播完后覆盖一层谷壳灰或育苗基质，厚度为5~10毫米。为便于掌握，可在床面上均匀放几根筷子，覆土至筷子似露非露时即可，覆土后盖地膜（28℃以下）或遮阳网（28℃以上）。采用穴盘育苗时购买专用育苗基质，可选用72穴穴盘，播种前3~5天在穴盘内先填装4/5的育苗基质后浇3~5遍透水，每穴播1~2粒种子，播完后在用育苗基质把育苗穴填满再浇透水，覆土后盖地膜（28℃以下）或遮阳网（28℃以上），视土壤（或基质）湿度浇水，需保持湿润。播种后10天左右，出苗率达50%时揭掉地膜或遮阳网。11月上中旬，注意保持床土或育苗基质湿润，选择无风、温暖的晴天及时拔除杂草。11月下旬以后应保持苗床土壤或育苗基质稍微干燥以增加秧苗的抗冻力，12月后最低温度低于8℃应在拱棚内加盖小拱棚，晴朗的白天应揭去小拱棚的棚膜，晚上盖回。定植前10天左右逐步降温炼苗，白天15~20℃，夜间5~10℃，在保证幼苗不受冻害的限度下尽量降低夜温。苗床干时需浇小水。幼苗叶色浅黄时，可酌情施用磷酸二氢钾等叶面肥。育苗后期需通风降温和炼苗。定植前2天浇透苗床，以利于移苗。育苗期间注意防治猝倒病、立枯病、灰霉病，可用72.2%霜霉威盐酸盐水剂400~600倍液+45%异菌脲悬浮剂1500倍液防治。

3. 定植

应选择3年内没有种植过茄果类蔬菜的田块，2月中下旬后将大田深翻整地、施足基肥，深翻前每亩施入200千克商品有机肥，深翻后起垄做厢，厢宽1.2米，沟宽0.3米，垄高25厘米以上，做厢时每亩施入复合肥（15-15-15）30~50千克，均匀地撒在厢面上后耙平，然后覆盖白色地膜或银灰色地膜。当10厘米地温稳定在15℃时及早进行移栽，萍乡地区一般在3月上中旬定值，定植株距为30厘米，密度为3000株/亩左右。

定植时选用辣椒壮苗，标准是苗高20~25厘米，茎秆粗壮、节间短，具有6~8片真叶、幼苗根系发达、大部分幼苗顶端呈现花蕾、无病虫害。栽苗时对大小苗进行分级，剔除病弱苗、老化苗。在定植点用移栽工具

（小耙子、小刀等）在地膜上破一个10厘米×10厘米的洞后栽入秧苗，晴天移栽秧苗应随栽随分发，不可过长时间放置在厢面地膜上，定植后要立即浇定根水，随栽随浇。浇好定根水后及时用土封住地膜缺口以免热气烫伤幼苗。移栽后秧苗缓苗期内（定植后7~10天内）应关紧拱棚边膜和两侧通风口，以提高土温，促进根系生长。

4. 田间管理

（1）**定植后到结果初期的管理**　3月底~4月中旬及时抹除主分枝以下的分枝，若厢面土壤过干，可适当浇水，以保持土壤湿润。晴天棚内温度达35℃以上或湿度较高时应开通风口通风，如棚内温度、湿度过高，应同时打开边膜和通风口通风，晚上关闭。

（2）**盛果期管理**　5月中下旬可及时采收下层果实上市，应及时追肥，结合浇水，每隔10~15天追施1次水溶肥（20-20-20）10~15千克，保持土壤湿润，以利于植株继续生长和开花坐果。

（3）**后期管理**　6月以后进入辣椒果实成熟期，可适当喷施叶面肥。喷施时间应选在上午田间露水已干或16：00之后，以延长溶液在叶面的持续时间。喷洒叶面肥时从下向上喷，喷在叶片背面，以利于其吸收，提高施肥效果。

5. 病虫害防治

春辣椒的主要病害有苗期猝倒病、立枯病、灰霉病，生长期炭疽病、灰霉病等，主要虫害有蓟马、蚜虫、白粉虱等。

（1）**猝倒病、立枯病**　苗期可用72.2%霜霉威盐酸盐水剂800倍液，或99%噁霉灵粉剂3000倍液喷雾防治，每隔10~12天喷1次，视病情程度防治2~3次。

（2）**炭疽病**　发病初期摘除病叶病果，然后喷药。可喷80%苯醚甲环唑水分散粒剂1000倍液，或20%吡唑醚菌酯水分散粒剂1000倍液，每隔10~12天喷1次，连喷2~3次。

（3）**灰霉病**　可喷洒40%异菌脲乳油1000倍液，或50%腐霉利可湿性粉剂1500倍液，每隔10~12天喷1次，视病情连续防治2~3次。

（4）**蓟马、蚜虫、白粉虱**　在拱棚内每5米^{2}挂1块黄色粘虫板，可有效防止蚜虫等同翅目害虫的暴发，也可选用70%吡虫啉水分散粒剂

8000倍液,或50%吡蚜酮水分散粒剂3000倍液防治。小菜蛾、烟青虫等鳞翅目害虫,可通过杀虫灯诱杀成虫降低虫口基数等方法控制,也可选用24%氯虫苯甲酰胺乳油3000倍液,或苏云金杆菌(Bt)喷雾防治,每隔10~15天喷1次,连续防治2~3次。

6. 适时采收

5月中下旬辣椒陆续开始上市,应及时采收,去除病斑、虫蛀、霉烂和畸形果后出售。6月底、7月初本地露地辣椒大量上市后,可拉秧倒茬。

第二节 芹菜栽培管理技术

7月上旬辣椒采收后,及时清除秧苗,每亩撒施100千克生石灰后深翻整地,浇透水后用白色农膜(或地膜)将拱棚内全土覆盖,关闭拱棚边膜、通风口,高温闷棚。高温闷棚7~10天后揭去拱棚膜,覆盖遮光率为80%~90%的遮阳网,如果棚内温度过高(超过30℃)应揭去拱棚膜并在棚内再覆盖1层遮阳网。揭去地膜后施足底肥,整土做畦,每亩施入商品有机肥200千克和复合肥(15-15-15)70千克,畦面宽1.2米,沟宽30厘米。

1. 品种选择

选择耐热性好、抗逆性强,适宜本地种植的品种,如香芹、天津小香芹等。

2. 播种育苗

6月上中旬,另选用空闲的拱棚整土育苗。采取床土育苗方式,选择富含有机质、保水保肥力强的沙壤土田块作为育苗床。整地时每亩施入商品有机肥200千克,开沟做畦,畦面主要整平、整细。一般定植1亩大田需准备约70米^{2}育苗地。育苗期(6月上中旬)处于高温期,芹菜种子要进行低温催芽,先将种子用清水浸泡24小时后,用清水漂洗掉种子上的黏液,洗净沥干,然后用湿棉布包好,晚上平摊在冰箱冷藏室内,白天再拿出来放在阴凉处,反复4~6次后种子即可发芽。30%种子露白后即可播种,将种子和适量的细沙拌匀后均匀地撒播在畦面上,盖1层育苗基质或谷壳灰再覆盖遮阳网，最后浇透水，视天气情况和土壤情况及时浇水，应保持畦面湿润。出苗后及时揭去遮阳网，撒少许育苗基质覆盖幼苗以利于扎根。如果育苗期遇连续晴天，温度迅速上升，拱棚须及时覆盖1层或2层遮阳网。视天气情况和土壤情况在早、中、晚各浇1次水，应保持床土湿润。苗期注意防治立枯病，可喷施99%噁霉灵粉剂3000倍液，每隔10~12天喷1次，视病情程度防治2~3次。

3. 田间管理

当幼苗达5~6片真叶时即可定植，按照行距15~20厘米、窝距8~10厘米规格移栽。每窝栽苗3~4株，边栽边施蔸水。挖苗时先移栽大苗、壮苗，尽量不要损伤叶片和根，定植宜选择阴雨天或晴天的傍晚（16:00以后），移栽后及时浇定根水，定根水中可加入海藻生根剂（500倍液，1升/亩）以利于促发新根。定植缓苗后视土壤墒情和芹菜长势及时中耕、追肥，一般浅中耕1~2次，结合浇水每次每亩追施高氮型水溶肥（30-10-10）10~20千克，一般追施2~3次。当植株高达60厘米左右即可采收上市，一般茬口在中秋前后上市，效益较好。芹菜对硼元素较敏感，在防治病虫害的同时加入速乐硼1000倍液喷雾可有效提高芹菜的品质。

4. 病虫害防治

夏季芹菜的主要病害有立枯病、叶枯病、叶斑病等，主要虫害为蚜虫。

（1）叶枯病、叶斑病 选用80%苯醚甲环唑水分散粒剂1000倍液，或20%吡唑醚菌酯水分散粒剂1000倍液防治，每隔10~12天喷1次，连喷2~3次。

（2）蚜虫 可通过在棚内挂黄色粘虫板防治，也可选用70%吡虫啉水分散粒剂8000倍液喷雾防治。

5. 适时采收

9月底~10月底陆续采收。

第三节 松花菜栽培管理技术

1. 品种选择

松花菜拱棚越冬种植应选适宜本地的晚熟品种，一般选生育期为

108天、120天或130天的晚熟品种，如台松120、雪丽130等。

2. 播种育苗

芹菜采收后，对棚土消毒（可选用99%噁霉灵粉剂500倍液或50%氯溴异氰尿酸可溶性粉剂500倍液喷洒土面）后在拱棚内育苗，拱棚栽培越冬松花菜一般在9月下旬~10月上旬育苗。9月下旬进行拱棚育苗，若气温持续高于30℃，拱棚棚面的遮阳网可保留，若气温低于30℃应揭去拱棚棚面覆盖的遮阳网。采用穴盘育苗，选用72或128孔穴盘。在穴盘内先填充4/5的专用育苗基质后浇透水，一盘要反复浇3~5次，让育苗基质充分吸足水分，再将种子播在育苗盘穴内，每穴1粒，覆盖1层育苗基质（厚0.5厘米左右）后浇1遍透水，最后覆盖1层遮阳网，80%种子出苗后及时揭去遮阳网，育苗期应保持育苗基质湿润，当秧苗长至3叶1心时应适当炼苗，加大通风，减少浇水，移苗前浇透水，便于起苗。一般苗龄30~45天即可定植（达到4叶1心即可，不可超过50天），根据育苗条件调整定植时间，棚室温度高，苗长得快，可以30天定植；棚室温度低，一般40天内定植。苗期注意防治猝倒病、立枯病、蚜虫和青虫等病虫害，可选用70%吡虫啉水分散粒剂8000倍液或24%氯虫苯甲酰胺乳油3000倍液+72.2%霜霉威盐酸盐水剂800倍液喷雾防治，每隔10~15天喷1次，连续防治2~3次。

3. 田间管理

选择排灌方便、土壤肥沃的沙壤土地块，施足底肥，结合深翻每亩施入商品有机肥200千克、复合肥（15-15-15）50~75千克和1千克硼砂后深翻起垄，垄面宽1米，沟宽0.3米，垄高20厘米以上。10月中下旬撤去拱棚上覆盖的遮阳网后定植，11月底气温低于20℃后应盖回拱棚膜，拱棚种植松花菜要经常通风，两头、两边均要开大口或长期通风，没有特别强的寒潮（-3℃及以下）时可不封棚。

选择阴雨天或晴天的早晚进行移栽，秧苗随起随栽，定植后及时浇定根水，在定根水可加入海藻肥500倍液+99%噁霉灵粉剂1500倍液，以利于缓苗，促发新根。株行距60厘米×65厘米，每亩栽1800~2200株。定植后15天应施第一次追肥，第二次追肥在定植30天后，在整个生长季中结合除草、松土、培土追肥，前期要少量薄施，现蕾后要重施，并增施磷、钾肥,生育期内叶面喷施钙肥及硼肥等微量元素肥2~3次。

松花菜花球经阳光照射会发黄,在采收前7~10天应折叶盖花球或束叶盖花球,保护花球不受阳光直晒,提高商品性。

4. 病虫害防治

秋冬松花菜的主要病害有黑腐病、干烧病、生理缺硼和早花,主要虫害为蚜虫。

(1) **黑腐病** 可选用80%苯醚甲环唑水分散粒剂1500倍液,或20%吡唑醚菌酯水分散粒剂1000倍液喷雾防治,每隔10~15天喷1次,连续防治2~3次。

(2) **干烧病** 可用80%苯醚甲环唑水分散粒剂1500倍液喷雾防治。

(3) **缺硼** 缺硼时,松花菜茎部或花梗内部空洞、开裂、腔壁颜色发褐,导致花球生长不良;主茎及构成花序的小茎中部呈现小的、密集的水浸区域。在整地时可每亩施入1~2千克优质农用硼砂,或在生育期内用速乐硼1000倍液喷雾防治。

(4) **早花** 指松花菜植株营养体(茎叶)未长到足够大小(正常植株高度为50厘米以上,叶片数达到18片叶左右)时便出现小花球的现象。这种花球无法长大,没有任何商品价值。松花菜越冬或冬春季种植属于反季节栽培,常会因播种时间不适合、气候反常、管理不当(定植后肥水跟不上)而导致过早春化,加上植株生长不良而出现"早花"现象,从而造成严重减产甚至绝收。若发现田间有个别"早花"植株,要尽快结合浇水冲施水溶肥(30-10-10)促苗,每亩施5~10千克。及时中耕、提高地温,让植株营养体在尽量短的时间发大棵,从而最终获得花球。

(5) **蚜虫** 在拱棚内每5米^{2}挂1块黄色粘虫板可有效防止蚜虫等同翅目害虫的暴发,也可选用70%吡虫啉水分散粒剂8000倍液,或50%吡蚜酮水分散粒剂3000倍液防治。小菜蛾、烟青虫等鳞翅目害虫,可通过杀虫灯诱杀成虫降低虫口基数等方法控制,也可选用24%氯虫苯甲酰胺乳油3000倍液,或苏云菌杆菌喷雾防治,每隔10~15天喷1次,连续防治2~3次。

5. 适时采收

当花球充分膨大,周边开始松散时即可采收。

第十二章 春苦瓜+秋青（辣）椒高效种植

【种植茬口】

苦瓜：12月中下旬~第二年1月上中旬播种育苗，2月中旬定植，4月中下旬开始采收。

辣椒：7月中下旬~8月上旬播种育苗，8月中下旬~9月上旬定植，9月下旬开始采收。

以上所述为江淮地区的茬口日期，其他各地区应适时调整。

第一节　苦瓜栽培管理技术

1. 品种选择

选择适合当地种植的品种，如杭州地方品种千岛白玉苦瓜、台湾青皮苦瓜等。

2. 播种育苗

（1）种子处理　苦瓜种皮坚硬，播种前将种子在太阳下暴晒4~5小时，然后用55~60℃的温水浸泡20分钟，浸泡期间不断搅拌让种子充分吸水，待水冷却后继续浸泡3~6小时。为防止种子携带病毒，可用75%百菌清800倍液或50%多菌灵500倍液浸泡30分钟，种子捞出后用清水冲洗干净再在30℃的环境下催芽，当种子发芽后播到穴盘中。

(2）育苗基质 选择品质优良、营养全面、保肥保水性好、无虫卵病菌、无杂草种子、pH 为 6.5~7.0 的介质，以瓜类专用育苗基质为佳。自配基质一般现用现配，冬季可用椰糠、泥炭、蛭石、珍珠岩比例为 2∶1∶1∶1 的配方，每立方米基质中加入复合肥 1 千克，搅拌均匀，不成团状。

（3）苗床准备 需要根据拱棚宽度确定苗床大小。中间留出约 1 米宽的通道（包括中间沟 30 厘米），两边分别做宽度为 2~3 米的苗床，棚内两侧分别留出 60~80 厘米的空地用作边沟和苗期管理走道。育苗期间温度较低，苗床需要铺设电热线进行加温，铺设时电热线的间隔为 8~10 厘米，中间疏、两边密，电热线所有接头在苗床同一侧，苗床两端插小竹竿便于电热线来回铺设。

（4）播种 采用 50 孔或 72 孔穴盘。装盘前基质需喷水湿润，湿度以 30%~35% 为宜（手握成团，松手即散就可）。装盘后将发芽种子按照根尖朝下插入穴盘，每穴 1 粒，覆土厚 1 厘米左右，将播好种子的穴盘有序摆放于苗床，扣上小拱棚，盖上无纺布和塑料薄膜，3~4 天就出苗整齐。

（5）苗期管理 苗期温度不要低于 15℃，空气湿度以 80% 左右为宜，每天中午温度较高时进行通风透光。遇到连续阴雨寡照天气时，需要增加人工光照，保证秧苗正常生长。定植前 1 周可适当低温炼苗。

3. 定植

苦瓜幼苗长到 4~6 片真叶时可以定植。选择晴好天气，挑选叶片厚实、叶色深绿、根系发达、无病虫害的秧苗定植，株距为 80~100 厘米，行距为 100~120 厘米，种植密度为 400~500 株/亩。

4. 田间管理

（1）温度管理 苦瓜是喜温作物，定植后扣上小拱棚，盖上塑料薄膜，前 3 天不浇水不揭膜，第四天后逐天加大通风。清明前尽量以保温为主，遇高温天气摇起拱棚边膜适当通风，白天温度保持在 20~30℃，晚上温度保持在 15℃ 以上。结果期，气温逐渐升高，需加大通风，白天温度保持在 28~32℃，晚上温度在 15℃ 以上。5 月视天气情况可以撤去裙膜，日夜通风。

（2）肥水管理 整地时每亩施商品有机肥 200 千克和复合肥（15-15-15）

50千克作为底肥。定植后浇足定根水，缓苗后追施1次促根肥，以促进根部生长。开花结果后追肥1次，每亩施复合肥（15-15-15）15千克。以后每采收2批就追肥1次，每次施复合肥（15-15-15）15千克/亩，防止植株早衰。结果后植株需要大量水分，应及时供水，忌缺水干旱，梅雨季需及时清沟排水。

（3）整枝授粉 拱棚苦瓜早春栽培，温度低，光照不足，会造成苦瓜结果困难，为提高坐果率需进行人工授粉，一般在9：00左右进行。当植株长到50厘米左右开始整枝，打掉主茎顶端，留两条粗壮的侧枝，去除其余枝条，每个瓜结牢后适时打顶。

5. 病虫害防治

春苦瓜的主要病害有苗期猝倒病和立枯病，定植后的炭疽病（彩图33）、白粉病（彩图34）和枯萎病，主要虫害有蚜虫和美洲斑潜蝇。

（1）猝倒病和立枯病 用64%噁霜·锰锌可湿性粉剂500倍液，或68%精甲霜·锰锌水分散粒剂800倍液防治，在发病初期用药，阴雨天可拌干细土使用。

（2）炭疽病 用42.8%氟菌·肟菌酯胶悬剂3500倍液，或60%唑醚·代森联水分散粒剂1500倍液喷雾，在发病初期用药，注意轮换使用。

（3）白粉病 用29%吡萘·嘧菌酯胶悬剂1500倍液，或25%乙嘧酚磺酸酯水乳剂2500倍液均匀喷雾，在发病初期用药。

（4）枯萎病 用1%的申嗪霉素胶悬剂1000倍液，或98%噁霉灵可溶性粉剂2500倍液灌根。零星发病时兑水后浇根，每穴浇灌200毫升。

（5）蚜虫 用10%啶虫脒微乳液2000倍液，或5%d-柠檬烯可溶液剂300倍液喷施，在蚜虫发生初期用药，每隔7~10天喷施1次。

（6）美洲斑潜蝇 用10%溴氰虫酰胺可分散油悬浮剂2000倍液，或50%灭蝇胺可溶性粉剂2500倍液喷雾，每隔7~10天喷施1次，在成虫发生期用药。

6. 适时采收

采收期可以从4月中下旬开始一直持续到7月中旬，采收必须及时。一般清晨采收，以太阳出来前采收为宜。

第十二章 春苦瓜+秋青(辣)椒高效种植

第二节 青(辣)椒栽培管理技术

1. 品种选择

选用品质优良、条形好、结果早、适应性强的品种,如杭椒早秀、杭椒12、杭丰优秀、杭丰新秀等杭椒类品种。

2. 播种育苗

(1) **种子处理** 为提高种子的发芽势和发芽率而采用温汤浸种。把种子放进55~60℃的温水中不断搅拌,保持20分钟左右,自然冷却后再浸泡3~4小时,种子捞出后沥干,在温度为28~30℃的环境下催芽,70%种子露白即可播种。

(2) **育苗介质** 以育苗专用基质为佳。自配基质夏季采用椰糠、泥炭、蛭石、珍珠岩比例为1:2:1:1的配方,每立方米基质加入复合肥1千克,搅拌均匀,不成团状。

(3) **苗床准备** 需要根据拱棚宽度确定苗床大小。拱棚中间留出约1米宽的通道(包括中间沟30厘米),两边分别做宽度为2~3米的苗床,棚内两侧分别留出60~80厘米的空地用作边沟和苗期管理走道。

(4) **播种** 采用50孔或72孔穴盘。在晴好天气,将装好基质的穴盘均匀洒透水,湿度以穴盘下口滴水为宜。将露白的种子播于穴盘中,每穴1粒,然后覆上厚1厘米左右的基质,喷适量的水后将穴盘摆放在苗床上。

(5) **苗期管理** 夏季高温强光,育苗时需要降低苗床温度,中午光照强烈需要及时盖上遮阳网,防止高温灼伤。夏季温度高蒸发量大,浇水需要在每天16:00之后,用洒水喷头浇水以保持穴盘湿润,同时降低环境温度,不能在中午浇水,以免伤苗。秧苗长大后要及时调整穴盘间隔,尽量拉开距离,防止秧苗徒长。

3. 定植

宜选择土层深厚肥沃、排灌方便、保水保肥性好的微酸性或中性土壤地块,以3年内未种过蔬菜作物,或经水旱轮作、短期休耕的坡地或台地为宜。适时进行土地翻耕，打碎打细土壤，耙平土面，做成宽120厘米、高20厘米、沟宽30厘米的龟背型高畦。采用银黑色地膜覆盖，膜下铺设滴灌带，每畦2条。选择晴好天气定植，每亩种植2500~3000株。

4. 田间管理

整地时每亩施商品有机肥200千克、复合肥（15-15-15）40千克作为底肥。定植后浇足定根水，等缓苗后视情况施1次促根肥。开花结果后追肥1次，每亩施复合肥（15-15-15）15千克。进入采收期，每隔10~15天追1次肥，每亩施复合肥（13-5-27）10千克，用磷酸二氢钾进行叶面追肥2~3次。如遇高温暴雨天气，及时排水，雨后用0.1%磷酸二氢钾+尿素喷洒叶面。

5. 病虫害防治

秋青（辣）椒的主要病虫害有苗期猝倒病和立枯病，生长期灰霉病、病毒病、疫病等，主要虫害有蚜虫、茶黄螨、烟粉虱等。

（1）猝倒病和立枯病　用30%多菌灵·福美双可湿性粉剂600倍液，或68%精甲霜灵·锰锌水分散粒剂800倍液，每隔10天施用1次，在发病初期用药。阴雨天可拌干细土后撒施土表，能达到防病的效果。

（2）灰霉病　用50%啶酰菌胺水分散粒剂2000倍液，或42.4%唑醚·氟酰胺悬浮剂3500倍液，每隔7~10天施用1次，在发病初期用药，注意轮换使用。

（3）病毒病　用20%吗啉胍·乙酮可湿性粉剂800倍液，每隔7~10天施用1次，在定植后或发病初期喷雾防治；或用0.5%香菇多糖水剂600倍液，每隔7~10天施用1次，在发病初期用药，可结合喷施叶面肥。

（4）疫病　用23.4%双炔酰菌胺胶悬剂1500倍液，或60%唑醚·代森联水分散粒剂，每隔7~10天施用1次，在发病初期用药。

（5）蚜虫　用3%啶虫脒微乳剂1000倍液或0.5%藜芦碱可溶性液剂，每隔10天施用1次，在发病初期用药。

（6）茶黄螨　用43%联苯肼酯胶悬剂4000倍液，或240克/升虫螨腈胶悬剂，每隔7~10天施用1次，前者在各生长期均可施用，后者在发病初期施用。

（7）烟粉虱　用22%螺虫·噻虫啉胶悬剂1500倍液，或200克/升吡虫啉可溶性液剂，每隔7~10天施用1次，在发病初期用药，注意交替使用。

6. 适时采收

及时采收成熟商品果，宜在早晨进行，做到天天采或隔天采。根据当地消费和市场行情，可以分小果、中果、大果和红果进行采收。采收结束后，及时将田园中的残枝败叶、杂草及农膜清理干净，并进行无害化处理，保持田园清洁。

第十三章　秋冬莴苣+春番茄+夏丝瓜高效种植

【种植茬口】

莴苣：9月上中旬播种育苗，10月上中旬定植，12月下旬~第二年2月上中旬采收。

番茄：11月下旬播种育苗，第二年2月中下旬定植，4月中旬~6月下旬采收。

丝瓜：3月上旬播种育苗，4月上旬定植，6月上旬~9月上旬采收。

以上所述为江淮地区的茬口日期，其他各地区应适时调整。

第一节　莴苣栽培管理技术

1. 品种选择

选择优质、高产、抗性强、适合当地种植的品种，如紫叶莴苣、农福莴苣、三青王等。

2. 播种育苗

于9月上中旬播种育苗，每亩用种量约35克。播种前先将种子浸泡8小时，放置在冰箱冷藏室内24小时，然后放在15~20℃的环境下催芽，待70%种子露白即可播种。

苗床选择富含有机质、排灌方便、保肥保水性良好的拱棚，深翻土壤，耙细、耙平，播种前浇足水，待水渗下后撒播种子，覆土待苗出齐。

播种后保持苗床湿润，苗出齐后注意控制水分，子叶展开后进行第一次间苗，拔除病苗、弱苗和过密苗。长到2~3片真叶时再间苗1次，苗距4~6厘米。根据苗的长势，中后期可以用尿素追肥1次，每亩用量为4千克。

3. 定植

莴苣幼苗长到4~5片真叶时可定植。定植前每亩用商品有机肥200千克和复合肥（15-15-15）50千克作为底肥。8米宽的拱棚做6条畦，畦宽1.2米，每畦种2行，行距40厘米，株距35厘米，每亩种植4000株左右。

4. 田间管理

定植后浇足定根水，促进缓苗，缓苗后追1次肥，每亩用尿素5千克，浇1次水。莴苣团棵时和封行前茎部开始膨大时，各追1次肥，每亩用复合肥（15-15-15）10千克、硫酸钾7千克，并及时浇水。定植后前期温度较高，拱棚不用盖膜，随着温度降低，及时加盖塑料薄膜，当温度降到0℃以下时采取保温措施，防止冻害。

5. 病虫害防治

秋冬莴苣的主要病害有霜霉病、菌核病、炭疽病（彩图35），主要虫害有小菜蛾。

（1）**霜霉病** 用30%吡唑醚菌酯悬浮剂25~33毫升/亩，或0.3%丁子香酚可溶液剂100~120毫升/亩，或80%烯酰吗啉水分散粒剂25~35克/亩喷雾防治。

（2）**菌核病** 用50%腐霉利可湿性粉剂45~60克/亩喷雾防治。

（3）**炭疽病** 用40%醚菌酯干悬浮剂3000倍液，或70%代森锌干悬浮剂500倍液喷雾防治。

（4）**小菜蛾** 用15%茚虫威悬浮剂10~12毫升/亩喷雾防治。

6. 适时采收

当莴苣的心叶和外叶长到一样高，植株顶部平展时，品质最佳，即可采收。采收后留 10 片左右小叶片,切除根部。

第二节　番茄栽培管理技术

1. 品种选择

选择优质、高产、抗性强且适合当地种植的品种,如金粉 101、杭杂 603。

2. 播种育苗

(1) **种子处理**　播种前将种子在 50~55℃ 温水中浸泡 15~30 分钟,不停搅拌,让种子充分吸水,水温降到 30℃ 后浸泡 3~4 小时,种子捞出沥干即可播种。

(2) **育苗介质**　以育苗专用基质为佳。自配育苗基质用椰糠、泥炭、蛭石、珍珠岩比例为 2∶1∶1∶1 的配方,每立方米基质加入复合肥(15-15-15)1 千克,搅拌均匀,不成团状。

(3) **苗床准备**　需要根据拱棚宽度确定苗床大小。在拱棚中间留出约 1 米宽的通道(包括中间沟 30 厘米),两边分别做宽度为 2~3 米的苗床,棚内两侧分别留出 60~80 厘米的空地用于作边沟和苗期管理走道。

(4) **播种**　选择 50 孔或 72 孔穴盘。在晴好天气,将装好基质的穴盘均匀洒透水,湿度以穴盘下口滴水为宜。将露白的种子播于穴盘中,每穴 1 粒,然后覆上厚 1 厘米左右的基质,喷适量的水后将穴盘摆放在苗床上。

(5) **苗期管理**　育苗期是寒冷高湿的环境,要注意防冻保暖,白天温度在 20℃ 以上,夜间温度不低于 15℃;也要通风透光,中午温度较高时可以适当通风,根据秧苗素质和天气情况灵活掌握,遇到连续阴雨或雨雪天气需要对秧苗进行人工补光。苗期注意肥水管理,选择晴天的中午浇水或施液体肥。定植前 1 周进行适当炼苗,增强秧苗抗逆性。

3. 定植

耕翻细耙,做高垄或平畦,高垄垄面上口宽 80 厘米,下口宽 120

厘米，垄高20~30厘米；沟上口宽70厘米，下口宽30厘米。将滴灌带按间距40厘米铺在垄中间，每垄2条，并且有孔的一面向上；平畦一般做成50~60厘米宽的畦面，走道宽80~100厘米，畦面低于走道5~10厘米。

4. 田间管理

随整地每亩施三元复合肥（15-15-15）或高钾复合肥（14-5-26或15-7-23）80~120千克、过磷酸钙20~40千克、生物有机肥250~300千克。定植后3~4天，浇缓苗水。缓苗期至始花期视土壤墒情和苗情浇水、蹲苗。冬春茬第一穗果长至核桃大小时，每亩随水冲施大量元素水溶肥（20-20-20）2~4千克；此后，每隔5~7天随水冲施大量元素水溶肥（20-10-30或15-15-30）3~5千克。在采收第一穗果后，每隔10天左右喷施1次微量元素叶面肥。

5. 病虫害防治

春番茄的主要病害有叶霉病、早疫病、青枯病等，虫害以蚜虫、烟粉虱为主。

（1）**叶霉病** 用35%氟菌·戊唑醇胶悬剂2000倍液，或42.4%唑醚·氟酰胺胶悬剂3500倍液，在发病初期用药，自下而上对发病部位喷药，每隔7~10天施用1次。

（2）**早疫病** 用42.4%唑醚·氟酰胺胶悬剂3500倍液，或35%氟菌·戊唑醇胶悬剂2000倍液，在发病初期用药，每隔7~10天施用1次。

（3）**青枯病** 用20%噻菌铜胶悬剂600倍液，或3%中生菌素可湿性粉剂700倍液，在发病初期用药，每隔7~10天施用1次。

（4）**蚜虫** 用10%啶虫脒微乳液2000倍液，或5%d-柠檬烯可溶液剂300倍液，在蚜虫发生初期用药，每隔7~10天喷施1次。

（5）**烟粉虱** 用22%螺虫·噻虫啉胶悬剂1500倍液，或200克/升吡虫啉可溶性液剂，每隔7~10天施用1次，初发时用药，注意交替使用。

6. 适时采收

当番茄果实成熟且有3/4的果实转色时即可采收。采收时轻拿轻放，按果实大小进行分级装箱。

第三节 丝瓜栽培管理技术

1. 品种选择

选择耐热、高产、优质、适合当地栽培的品种，如江蔬1号、春丝2号。

2. 播种育苗

3月上旬播种，采用50孔穴盘，进行基质穴盘育苗。播种前将种子在50~55℃温水中浸泡15~20分钟，不停搅拌，让种子充分吸水，水温降到30℃后浸泡6~8小时，用清水冲洗后将种子放在28~30℃条件下催芽，待种子露白即可播于穴盘中，每穴1粒。

3. 定植

当苗长到4~5片真叶时就可以选择壮苗定植，先在预留处挖好坑，将腐熟的商品有机肥0.5千克作为底肥埋入坑中，再将苗定植在坑中，覆土扶正植株，浇足定根水，扣上小拱棚、盖上薄膜保温，以促进缓苗。

4. 田间管理

丝瓜缓苗后即可通风，白天撤去小拱棚膜，晚上温度较低时视情况盖膜。丝瓜是喜水喜肥蔬菜，开花前可以适当控制水分，结瓜后需水量增加，要保持土壤湿润，正常天气时每隔7~10天浇水1次，盛收期每采瓜2~3次后就结合浇水追施复合肥，每亩施复合肥10千克。随着植株生长进行压蔓，同时用竹片在拱棚内部搭拱形架子，用于植株引蔓，当植株长到50厘米时整枝吊蔓，留主蔓，去除侧蔓和大部分雄花，等结瓜时在丝瓜瓜蒂处绑一块小石头使丝瓜顺直生长。

5. 病虫害防治

夏丝瓜的主要病害有霜霉病和白粉病，主要虫害有蚜虫和瓜绢螟。

（1）**霜霉病** 用23.4%双炔酰菌胺胶悬剂1500倍液，或72%霜脲·锰锌可湿性粉剂600倍液，在病害发生初期施用，每隔5~7天喷1次，根据天气与病情发展用2~3次。

（2）**白粉病** 用42.4%唑醚·氟酰胺胶悬浮剂3500倍液，或25%乙嘧酚磺酸酯水乳剂2500倍液，病害发生初期施用，每隔7~10天喷1次。

（3）**蚜虫**　用10%氟啶虫酰胺水分散粒剂1500倍液，或5%d-柠檬烯可溶液剂300倍液，在蚜虫发生初期施用，每隔7~10天喷1次。

（4）**瓜绢螟**　用20%氯虫苯甲酰胺悬浮剂2000倍液，每隔7~10天喷1次。

6. 适时采收

授粉后10天左右即可采收，应及时采收，以清晨采收为宜。瓜色越漂亮，商品性越好，应轻拿轻放。

第十四章　春番茄+夏秋黄瓜+冬茼蒿（两茬）高效种植

【种植茬口】

番茄：1月中下旬播种育苗，3月中下旬定植，5月底~6月底采收。

黄瓜：6月下旬播种育苗，7月下旬定植，8月底~11月采收。

茼蒿：11月底~12月初播种，第二年1月中下旬采收；1月底播种，3月中旬采收。

以上所述为华北地区的茬口日期，其他地区应适时调整。

第一节　番茄栽培管理技术

1. 品种选择

根据市场需求和消费习惯，选择早熟、抗病、耐裂等优质品种，如粉宴1号、欧萨、天瑞、金棚11号、浙粉702、荷兰硬粉等。

2. 播种育苗

于定植前30~35天播种，种子采用磷酸三钠浸种法或温汤浸种进行消毒处理。将种子浸泡5~8小时后放在25~30℃条件下催芽，2~3天出芽即可播种。采用72孔穴盘育苗，基质按草炭：蛭石：珍珠岩为2:1:1的比例配制。在基质装入穴盘前，为防止病虫危害，将每立方米基质加

第十四章 春番茄+夏秋黄瓜+冬茼蒿（两茬）高效种植

75%百菌清可湿性粉剂50克、25%噻虫嗪水分散粒剂20克拌匀后使用。夏季育苗要重点做好防病虫、防高温和防徒长工作。种子出土后、中午高温时需采用遮阳网覆盖降温，有条件的棚室可采用湿帘降温。遮阳网不能全天覆盖，否则易形成弱光环境，导致幼苗徒长。育苗过程中若发现幼苗徒长严重，可用助壮素750倍液或矮壮素1500倍液喷雾控制。

3. 定植

3月15日~20日，待幼苗有4~5片真叶时定植。定植前，每亩撒施腐熟优质有机肥7~8米³，或者撒施商品腐熟有机肥240~320千克、复合肥（15-15-15）50~60千克，施肥后深耕耙平。定植密度为2000~2500株/亩。

4. 田间管理

（1）温湿度管理 通过覆盖物及放风口的调节来控制棚内温湿度。

定植后10天撤去保温被。整个生育期的温度控制在22~30℃，空气湿度控制在70%~75%；土壤湿度前期为70%~80%，盛果期为80%~90%。

3~4月温度较低时，通过开闭屋脊处的放风口调控室内温度和湿度。5~6月，通风时先开屋脊处放风口，然后开南部底角处的放风口，当温度仍高于30℃时，再打开北部底角处的放风口，调控室内温度和湿度。

（2）肥水管理

1）灌水。全生育期灌溉10~13次，每亩浇定植水15米³、缓苗水12米³。结果初期灌水2~3次，每次10~12米³/亩；盛果期灌水5~6次，每次15米³/亩；结果后期灌水1~2次，每次12米³/亩。

2）追肥。全生育期追肥5次。结果前期施水溶肥（17-8-25）3次，每次12~15千克/亩；结果中后期施高钾水溶肥（13-6-40）2次，每次12~15千克/亩。

（3）植株调整 定植后10天左右开始吊蔓。绑蔓位置为番茄底部第二片真叶上方，以后随着植株的生长进行缠蔓或使用绑蔓夹固定植株与吊绳。选择单干整枝，当第一侧枝长至5~10厘米时进行整枝打杈，注意杈基部留1~2厘米高的桩，忌从杈基部全部抹除，以防止病害侵染植株。植株留5~6穗果进行摘心。第一穗果进入白熟期时，在晴天上午将植株底部的病叶、老叶摘除，以利于植株底部通风透光和果实转色。

5. 保花保果及疏花疏果

通过人工辅助授粉、熊蜂授粉或外部植物生长调节剂处理，如用 10~20 毫克/千克 2,4-D 蘸花或涂抹花梗，也可用 25~30 毫克/千克番茄灵喷花。气温较低时，应适当加大调节剂浓度。后期随气温回升，调节剂浓度应降低。以在 8:00~10:00 和 15:00~17:00 雌花花瓣完全展开，并且伸长到喇叭口状时，点花为宜。过早易形成僵果，过晚则易造成裂果。后期随着棚室温度升高可以采用番茄自动授粉器和熊蜂授粉，可于 10:00 左右植株不见露水时使用番茄自动授粉器，通过连续振动"打秆"授粉，又可以将花瓣（残花）振动下来，避免了病害的侵染。每亩放置 1 箱熊蜂进行授粉即可。

蘸花保果应和疏花疏果相结合。每个花序的第一朵花容易形成畸形果，应在蘸花前疏除。如果每穗花的数量太多，应先疏除较小的和畸形的花，一般每穗只留 7~8 朵花，坐果后选留 4~6 个果形均匀、整齐、无病虫害的果实。

6. 病虫害防治

春番茄的主要病害有番茄花叶病毒病、黄化卷叶病毒病、叶霉病、灰霉病、早疫病、晚疫病、根结线虫病等，主要虫害有蚜虫、潜叶蝇、白（烟）粉虱、红蜘蛛、棉铃虫等。

（1）物理防治 在通风口加盖 40 目及以上防虫网能有效阻止棉铃虫等昆虫进入。用黄、蓝色粘虫板诱杀白粉虱、蓟马、潜叶蝇等，可防止虫害发生。

（2）生物防治 利用丽蚜小蜂防治蚜虫、烟粉虱，利用捕食螨防治蓟马、叶螨。

（3）化学防治

1）病毒病。定植初期可用 20% 盐酸吗啉胍乙酸铜可湿性粉剂 500 倍液，或 2.5% 溴氰菊酯乳油 2500 倍液喷雾防治，每隔 7~10 天喷 1 次，连喷 2~3 次。病毒病主要由白粉虱、烟粉虱等传播，预防或防治病毒病需同时防治虫害，可用 25% 噻虫嗪水分散粒剂 3000~4000 倍液，或 5% 啶虫脒乳油 1000 倍液喷雾防治，每隔 7~10 天喷 1 次，连喷 2~3 次。

2）叶霉病。发病初期可选用 10% 苯醚甲环唑水分散粒剂 1500~2000

第十四章 春番茄+夏秋黄瓜+冬茼蒿（两茬）高效种植

倍液，或40%福星乳油6000~8000倍液喷雾防治，每隔7~10天喷1次，连喷2~3次。

3）白粉虱、烟粉虱、美洲斑潜蝇。可选用25%噻虫嗪水分散粒剂3000~4000倍液，或25%噻嗪酮可湿性粉剂1000~1500倍液，或5%啶虫脒1000倍液喷雾防治，每隔7~10天喷1次，连续防治2~3次，可兼治棉铃虫、甜菜夜蛾。

7. 适时采收

5月底~6月底为收获期，采收过程中注意清洁卫生，防止污染。

第二节 黄瓜栽培管理技术

1. 品种选择

选择耐热、抗病、商品性好、生长势强的品种，如夏多星、津研4号、秋棚1号、津杂4、满田700、绿岛1号、夏盈、北农亨利、津优1号等。

2. 播种育苗

（1）**种子处理** 将选好的黄瓜种子放入种子体积5~6倍的55℃温水中不断搅动，随时补充温水保持10分钟，不断搅动至水温降到30℃时停止，再浸泡4~6小时，捞出后用湿布包好，再用清水冲洗干净。也可使用药剂浸种，即先将种子用清水浸泡5~6小时，捞出放入1000倍高锰酸钾液中消毒30分钟左右，再捞出用湿布包好，最后用清水冲洗干净。将处理后的种子放在多层湿布或湿毛巾中，在25~30℃的环境中催芽1~2天，每天用清水冲洗1次，待75%的种子开始露白时即可播种。

（2）**育苗** 秋延迟黄瓜采用直播或育苗移栽，育苗移栽包括常规育苗和穴盘育苗。常规育苗即做畦育苗，畦宽1~1.2米，畦长6米左右，每亩畦面撒施腐熟有机肥3500~4000千克、复合肥（15-15-15）50千克，翻土25~30厘米深，使肥和土充分拌匀。耙平畦面，按10厘米×10厘米的株行距划方格，在每格中央平摆2粒种子，上面覆盖2厘米厚的营养土，轻踩1遍后灌水。幼苗有3片真叶时即可定植。也可用72孔穴盘育苗，基质要求透气性、渗水性好，富含有机质，常用混合基质配方有草炭∶珍珠岩（蛭石）∶秸秆发酵物（食用菌废弃培养料）为1∶1∶1或1∶2∶1，草炭∶蛭石∶珍珠岩为6∶1∶2，草炭∶炭化稻壳∶蛭石为6∶3∶1，草炭∶蛭石∶炉渣为3∶3∶4。选好基质材料后，按照配比进行混合。混合过程中向每立方米基质拌入50%多菌灵可湿性粉剂200克进行消毒。

播后温度保持在白天25~30℃、夜间15~18℃，2~3天即可出苗。出苗后需揭掉薄膜，待长到3~4片真叶时即可进行移栽定植。

3. 定植

7月底，幼苗长到2叶1心至3叶1心时进行定植。定植密度以2500~3000株/亩为宜。定植前每亩追施腐熟有机肥，5年以上的老棚可以加施中微量元素肥料50千克作为底肥。整地做畦，小行距为60~80厘米，大行距为80~120厘米，定植株距为35~40厘米。

4. 田间管理

（1）温湿度管理　生长前期将3道放风口全部打开，尽可能降低棚内温湿度，晴好天气温度高于32℃时，在10:00~15:00加盖遮阳网。生长后期室内气温保持在白天25~30℃、夜间11~18℃。随温度逐渐降低，注意缩小放风口，10月底加盖保温被。

（2）肥水管理

1）底肥。每亩施腐熟有机肥1500~2000千克，或商品有机肥200千克；化肥施用复合肥（15-15-15）25~30千克。

2）灌水。全生育期灌溉17~20次，每亩浇定植水15米^3、缓苗水13米^3。结瓜初期灌水4~5次，每次13米^3/亩；结瓜盛期灌水8~10次，每次15米^3/亩；结瓜后期灌水3次，每次15米^3/亩。

3）追肥。全生育期追肥10~13次。结瓜初期施水溶肥（17-8-25）2次，每次15~20千克/亩；盛瓜期施低磷高钾复合水溶肥（13-6-40）6~8次，每次20~25千克/亩；结瓜后期施平衡复合水溶肥（20-20-20）2~3次，每次15~20千克/亩。

4）绑蔓落蔓。黄瓜卷须的缠绕能力差，需人工绑蔓。黄瓜定植后15~20天，茎蔓长到40厘米，开始出现倒伏前就要吊绳绑蔓。吊蔓要选择在晴天的下午进行,此时黄瓜茎秆含水量少,吊蔓时不易折断茎蔓。在黄瓜长到棚顶或超过人们田间操作的正常高度时,就要将茎蔓落下,落蔓宜选择晴暖的午后进行,这样不易损伤茎蔓。切记不要在植株含水量高的早晨、上午或浇水后落蔓,以免损伤茎蔓,影响植株正常生长。落蔓时先将病叶、丧失光合能力的老叶摘除,带至棚外烧毁,避免落蔓后靠近地面的叶片因潮湿的环境而发病。首先将缠绕在茎蔓上的吊绳松开,顺势把茎蔓落于地面,切忌硬拉硬拽,要使茎蔓有顺序地向同一方向逐步盘绕于栽培垄的两侧。开始落蔓的时候,茎蔓较细,间隔时间要短,绕圈要小,茎蔓长粗后,落蔓时间间隔可稍长些,绕圈大些,可一次性落蔓的1/4～1/3。保持有叶茎蔓距垄面15厘米左右。落蔓后喷洒保护性杀菌剂,以预防病害发生,且落蔓前后5天最好不要浇水,之后合理运筹肥水,以促进黄瓜生长。

5)激素处理。为了增加雌花的数量,防止秧苗徒长,常采用生长激素乙烯利处理。在幼苗长至1叶1心时,用100毫克/千克乙烯利喷洒黄瓜植株,每隔2天喷1次,共喷3次。乙烯利浓度过高易出现花打顶,生长缓慢;浓度过低则效果不明显。应在早晨处理,若在中午喷洒会因高温产生药害。此外,应及时去除卷须及侧枝。

5. 病虫害防治

夏秋黄瓜的主要病害有霜霉病、疫病、白粉病、枯萎病、炭疽病等,主要虫害有蚜虫、白粉虱、潜叶蝇等。

(1) 农业防治 通过通风降湿、增温等措施降低病害发生;除杂草、老叶病果等;采用轮作倒茬,膜下灌溉。

(2) 物理防治 在通风口加盖40目防虫网,可以有效阻止昆虫进入。在棚内悬挂黄、蓝色粘虫板(尺寸:20厘米×30厘米)诱杀白粉虱、蓟马、潜叶蝇等,以预防虫害发生,密度为30~40块/亩。

(3) 化学防治

1)霜霉病。可用70%代森锰锌可湿性粉剂500倍液,或75%百菌清可湿性粉剂600倍液,或72%霜脲·锰锌可湿性粉剂600~800倍液防治,注意药剂交替使用。

2)疫病。可用58%甲霜灵·锰锌可湿性粉剂500倍液,或25%甲霜灵可湿性粉剂 800 倍液，或 75%百菌清 600 倍液防治。

3）白粉病。可用 25%粉锈灵可湿性粉剂 1500 倍液，或 70%甲基托布津 1000 倍液，或 30%氟菌唑可湿性粉剂 5000 倍液喷雾防治。

4）枯萎病。可用 50%多菌灵可湿性粉剂 600 倍液，或 15%噁霜灵水剂 450 倍液灌根。

5）炭疽病。可用 70%代森锰锌可湿性粉剂 500 倍液，或 50%炭疽福美双可湿性粉剂 800 倍液防治。

6）蚜虫。可用 1.8%阿维菌素乳油 3000~4000 倍液，或 10%吡虫啉可湿性粉剂 2000~3000 倍液，或 5.7%氟氯氰菊酯乳油 3000 倍液防治。

7）白粉虱。可用 22%灭蚜灵烟雾剂熏蒸，每亩用 22%灭蚜灵乳油 250 毫升+烟雾剂 400 克，将 250 毫升乳油倒入 400 克烟雾剂中充分拌匀，分成 5 包，傍晚点燃用暗火熏蒸。

8）潜叶蝇。可用 50%潜蝇灵可湿性粉剂 2000~3000 倍液，或 1%杀虫素 1500 倍液，或 0.6%灭虫灵乳油 1000 倍液喷雾防治。

此外，也可释放其天敌如丽蚜小蜂、中华草蛉、赤座霉菌等防治白粉虱，释放姬小蜂、反颚茧蜂、潜叶蜂等防治潜叶蝇。

6. 适时采收

8 月底~11 月采收。一般黄瓜从开花到采收需 12~15 天。

第三节　茼蒿栽培管理技术

1. 品种选择

茼蒿多选用小叶茼蒿（花叶茼蒿）、大叶茼蒿（圆叶茼蒿）、光杆茼蒿等优良品种。

2. 施肥与整地

每亩施用优质鸡粪 2 米^3（两茬）、复合肥（15-15-15）25 千克；翻地 15~20 厘米深，打碎土块做畦，浇足底水，以备播种。

3. 播种

第一茬于 11 月底~12 月初播种，第二茬于 1 月底播种。播种可用撒

第十四章 春番茄+夏秋黄瓜+冬茼蒿（两茬）高效种植

播或条播，每亩用种量3~5千克，播种后覆土厚0.8~1厘米，耙平镇压。

4. 田间管理

当幼苗长出1~2片真叶时，应及时间苗。结合间苗除掉田间杂草。间苗后幼苗第二片叶展开时浇第一次水。茼蒿在生长期中不能缺水，应保持土壤处于湿润状态，注意田间不能有积水。株高9~12厘米时追肥，施用尿素150~300千克/公顷，追肥后随即灌水，全生育期共追肥2次、浇2~3次水。茼蒿生长适宜温度为17~20℃，冬季温度超过20℃时，主要通过屋脊放风口进行通风降温，夜间通过加盖保温被进行保温。播种时需浇足底水，待苗长至5~6厘米高时再浇1次水。

5. 病虫害防治

冬茼蒿主要病害有霜霉病、叶枯病，主要虫害有菜螟、蚜虫。

（1）**霜霉病**（彩图36） 发病初期用75%百菌清600倍液，或25%甲霜·锰锌可湿性粉剂500倍液喷雾防治，每隔7~10天喷1次，连喷2~3次。

（2）**叶枯病** 发病初期可喷施70%甲基托布津可湿性粉剂500倍液，或50%异菌脲可湿性粉剂1500倍液，每隔5~7天喷1次，连喷2~3次。

（3）**菜螟** 用5%氟啶脲乳油4000倍液喷雾2~3次，注意将药喷到菜心上。

（4）**蚜虫** 每亩用25%蚜螨清乳油50毫升，或10%蚜虱净60~70克，或20%吡虫啉2500倍液，或25%抗蚜威3000倍液喷雾防治。

6. 适时采收

在播种后40~50天、苗高20厘米左右时贴地面切割采收。

第十五章　春夏茄子+秋冬散叶生菜（四茬）高效种植

【种植茬口】

茄子：1月上旬播种育苗，3月下旬定植，5月上中旬~7月采收。

散叶生菜：8月初播种，8月底定植，9月底采收；9月上中旬播种，10月初定植，11月中旬采收；10月上中旬播种，11月下旬定植，第二年1月底采收；12月上中旬播种，第二年2月初定植，3月中下旬采收。

以上所述为华北地区的茬口日期，其他地区应适时调整。

第一节　茄子栽培管理技术

1. 品种选择

根据市场需求和消费习惯，选择早熟、抗病等优质品种，如圆杂471、农大601、茄杂12号、硕圆黑宝等。

2. 播种育苗

1月上旬播种育苗。采用温汤浸种，用55℃温水浸泡15分钟，降温至常温再浸泡24小时，用湿纱布包好后放在28~30℃的条件下催芽，4~6天后种子露白即可播种。

3. 定植

3月20日~25日，幼苗长至4~5片叶时定植，定植密度为1500~

第十五章 春夏茄子+秋冬散叶生菜（四茬）高效种植

1800株/亩。定植前每亩撒施充分腐熟的有机肥2000~3000千克、硫基平衡复合肥（15-15-15）25千克、硫酸镁10千克。

4. 田间管理

（1）温度管理 定植后的1周内密闭棚室，基本不通风，保持白天棚温为28℃~30℃，最高不超过35℃，夜间地温达到12℃以上，促使尽快缓苗。第一层花蕾开花时要通风降温，白天棚温超过25℃时应及时放风，使棚温保持在25~30℃，土壤温度保持在20℃左右。当外界最低气温达到15℃以上时，就可以打开所有通风口，昼夜放风；当外界气温达到22℃时可撤除裙膜，并将棚膜卷高1米左右；温度稳定在25℃以上时，可撤除四边棚膜，只只留顶膜防雨。

（2）肥水管理 定植水每亩浇15米^3，缓苗水每亩浇12米^3；蹲苗期不浇水，门茄为鸡蛋大小时开始浇水、追肥，每亩浇水15米^{3}左右，随水冲施水溶肥（20-20-20）10千克；对茄期每亩浇水15米^{3}左右，随水冲施水溶肥（20-20-20）10~15千克；盛果期浇1次清水、1次肥水，每亩每次15~20千克水溶肥（13-6-40）。

（3）授粉 当棚室内门茄30%开始现花时，引入熊蜂，每亩放置1箱即可。门茄开花时，气温一般较低，当日平均气温在12℃时，用60毫克/千克2,4-D涂抹花柱，随气温的升高，使用浓度适当减少。

（4）整枝打杈 将门茄以下的枯黄叶及所发生的腋芽全部摘除。对茄开花后同样将其下部的腋芽摘除，使营养集中供给果实发育。门茄要适当早收，以保证茄秧和对茄的生长。

5. 病虫害防治

春夏茄子的主要病害有黄萎病（彩图37）、灰霉病、绵疫病、菌核病、褐纹病等，主要虫害有白粉虱、蚜虫、蓟马、红蜘蛛、茶黄螨等。

（1）黄萎病 采用嫁接、高温闷棚的方法防治。化学药剂用50%琉胶肥酸铜可湿性粉剂350倍液，或20%二氯异氰尿酸钠可溶性粉剂400倍液，或0.5%菇类蛋白多糖水剂300~500倍液+20%噻菌铜悬浮剂500~800倍液，或80%乙蒜素乳油1000~1500倍液，均匀喷雾，视病情每隔7~15天喷施1次。

（2）灰霉病 发病初期施药，用65%甲霉灵可湿性粉剂800~1500倍液,或50%乙烯菌核利可湿性粉剂1000倍液,或50%腐霉利可湿性粉剂2000倍液,或38%噁霜·嘧铜菌酯800倍液,或41%聚砹嘧霉胺600倍液,或45%噻菌灵悬浮剂4000倍液,或2%武夷霉素水剂150倍液等,每隔5~7天喷1次,连喷2~3次。

(3) **绵疫病** 发病前后或浇水前后,每隔5~7天喷1次80%代森锌可湿性粉剂500倍液,或75%百菌清可湿粉剂600倍液,或50%甲基托布津1000倍液,或50%克菌丹500倍液。发病高峰时喷施58%甲霜灵·锰锌可湿性粉剂500倍液,或64%噁霜·锰锌可湿性粉剂500倍液。

(4) **菌核病** 发病初期用50%异菌脲可湿性粉剂1000倍液,或50%腐霉利可湿性粉剂1500倍液,或35%菌核光悬浮剂800倍液,交替使用,每隔10~15天喷1次,连喷3~4次。

(5) **褐纹病** 进入结果期后,应定期用80%代森锌可湿性粉剂500倍或75%百菌清可湿粉剂600倍液喷雾预防,每隔5~7天喷1次,共喷3次。

(6) **白粉虱、蚜虫、蓟马**(彩图38) 可用10%吡虫啉可湿性粉剂1500倍液,或50%抗蚜威可湿性粉剂2000~3000倍液喷雾防治。

(7) **红蜘蛛** 可用25%灭螨猛可湿性粉剂1000倍液防治,连喷2~3次。

(8) **茶黄螨** 可用40%环丙杀螨醇可湿性粉剂1500~2000倍液,或73%克螨特乳液1000倍液,或25%灭螨猛可湿性粉剂1000~1500倍液,每隔7天喷1次,连喷3次。

6. 适时采收

5月上中旬~6月底为采收期。采收过程中注意清洁卫生,防止污染。

第二节 散叶生菜栽培管理技术

1. 品种选择

选择适宜于不同茬口的优质高产、耐热、抗病的生菜品种,如辛普森精英、美国大速生。

2. 育苗

四茬分别于 8 月初、9 月上中旬、10 月上中旬、12 月上中旬播种育苗。播种后覆细土厚 1~1.5 厘米，大田栽苗 1 亩，需苗床 6~8 米^2、种子 20~25 克。春播后覆盖塑料薄膜保温，夜间加盖草苫。夏、秋季育苗，播种后要遮阴，下雨时覆盖塑料薄膜以防雨淋，苗期可覆盖遮阳网进行降温。当幼苗长到 3 片真叶时，可按株行距 6~8 厘米进行分苗，苗床温度控制在白天 18~20℃、夜间 12~14℃，春季育苗苗龄一般为 35 天左右，夏、秋季为 25 天左右。春季育苗，定植前 5~7 天适当通风降温进行炼苗，以适应露地环境。

3. 施肥与整地

每亩施用优质鸡粪 3 米^3（四茬）。整个生育期基本不施化肥，视情况在两茬间整地时适当施入复合肥。

4. 定植

第一茬在 8 月、幼苗长至 3~4 片叶时定植。第二茬在 10 月初定植，第三茬在 11 月下旬定植，第四茬在第二年 2 月初定植。定植密度为 6000~6500 株/亩。

5. 田间管理

（1）**温度管理**　散叶生菜的生长适温为 17~20℃。前期温度较高时加大三道放风口进行通风降温。冬季温度超过 20℃时，主要通过屋脊放风口进行通风降温。10 月底~11 月初的夜间开始加盖保温被进行保温。

（2）**肥水管理**　每茬散叶生菜在整个生育期均浇 3 次水，浇足定植水，土壤见干见湿时再分别浇 2 次水。生长中期如长势较弱，每亩追施尿素 10~15 千克或复合肥（15-15-15）与尿素按照 1∶1 混合的肥料 15 千克，结合喷药可加入适量微量元素叶面肥，以补充养分。

6. 病虫害防治

秋冬散叶生菜的主要病害有软腐病、霜霉病、菌核病、灰霉病，主要虫害有蚜虫、菜青虫、斑潜蝇。

（1）**软腐病**（彩图 39）　可用 14% 络氨铜水剂 300~350 倍液，或 77% 氢氧化铜可湿性粉剂，或 70% 甲基硫菌灵可湿性粉剂 600 倍液防治，每隔10天喷1次，严重时连喷2~3次。

（2）霜霉病　可用72.2%霜霉威水剂600倍液，或58%甲霜·锰锌可湿性粉剂800倍液，或50%稀酰吗啉水分散粒剂1500倍液防治，喷洒叶片背部，每隔7天喷1次，连喷2~3次。

（3）菌核病　定植前可在苗床喷洒40%嘧霉胺悬浮剂1500~2000倍液或50%腐霉利可湿性粉剂1500倍液。发病初期喷洒70%甲基硫菌灵可湿性粉剂700倍液，或50%异菌脲可湿性粉剂1500倍液，或50%腐霉利可湿性粉剂1500倍液，或40%菌核净可湿性粉剂500倍液，或20%甲基立枯磷乳油1000倍液，每隔7天喷1次，连续防治3~4次。

（4）灰霉病　发病初期可用40%嘧霉胺悬浮剂800~1000倍液，或10%多抗霉素可湿性粉剂800倍液，或45%特克多悬浮剂1200倍液防治；也可选择上述药剂的粉尘剂喷粉。

（5）蚜虫和菜青虫　可用10%吡虫啉可湿性粉剂1500倍液，或0.3%苦参碱杀虫剂500~1000倍液，或生物农药苏云金杆菌（Bt）200~300倍液防治。

（6）斑潜蝇　可用1.8%阿维菌素乳油3000倍液防治，每隔7天防治1次，连续防治2次即可。

7. 适时采收

待植株重0.3~0.5千克时及时采收。

第十六章 春黄瓜+夏番茄+越冬菠菜高效种植

【种植茬口】

黄瓜：2月初育苗，3月中旬移栽，5月上旬开始采收，6月底拉秧。

番茄：6月上旬育苗，7月上旬移栽，9月中旬开始采收，11月中旬拉秧。

菠菜：11月下旬直播，第二年2月中下旬采收上市。

以上所述为华北、黄淮地区的茬口日期，其他地区应适时调整。

第一节 黄瓜栽培管理技术

1. 品种选择

可选择新泰密刺、山东密刺、长春密刺、津春3号、津春4号、津绿3号、中农11号等品种，用种量一般为每亩150克。

2. 播种

黄瓜种子播种前的处理包括种子清选、消毒、浸泡和催芽等。将干种子放入55℃的温水中不断搅拌，并不断添加热水，保持55℃的水温20分钟。温度降低到25℃时再浸泡6小时，淘洗干净后进行催芽。

可用72.2%霜霉威盐酸盐水剂或25%甲霜灵可湿性粉剂800倍液，或

50%福美双可湿性粉剂500倍液，或10%磷酸三钠溶液浸泡20分钟，能预防黄瓜苗期真菌性、病毒性病害。

处理后的黄瓜种子一般经24小时就会出芽，并达到播种要求。在温度、水分、氧气适宜的条件下出苗整齐。

3. 苗期管理

出苗前温度保持在白天25~30℃、夜间15~20℃，细土表面干到1厘米时补充水分；籽苗期温度保持在白天25~30℃、夜间13~15℃。定植前5~7天降低温度至5℃左右进行炼苗。在光照充足的条件下，始终保持适宜的水分条件，浇水用喷壶，普遍浇水和个别浇水相结合，对较小的苗取下喷头，单独多浇水，确保营养土保持见干见湿的状态。夜间温度达不到要求时，可在苗床上扣小拱棚进行保温，用苗龄30天左右、有3叶1心的壮苗定植比较适宜。

4. 定植

定植前每亩施用有机肥5000~10000千克，其中2/3用于撒施，而后深翻40厘米，耙平后按行距开沟，沟内再集中施用剩余的1/3作为底肥。

在地温稳定在10℃以上，最低气温不低于3℃时，隔畦定植黄瓜。定植于空畦，在畦面上按50厘米行距开2条定植沟，按株距17~20厘米栽苗，灌足水，水渗下后在株间点施磷酸二氢铵，每亩用量30千克。每亩栽苗3500~4000株。

5. 田间管理

（1）肥水管理　定植后，表土见干时，细致松土进行保墒，以促根控秧，根瓜开始膨大时追肥浇水。结果前期，保持畦面见干见湿，进入结果盛期后，始终保持畦面湿润。浇水应选晴天上午进行，并加强放风。一般浇2次水追1次肥。

（2）其他管理　吊蔓在黄瓜植株有5~6片叶展开后，一般在垄的上端接南北方向拉1道铁丝，把吊绳上端固定在铁丝上，下端绑在植株的下胚轴上，随时把瓜蔓缠绕在吊绳上。为使黄瓜植株受光均匀，缠蔓时要调节植株高度，把龙头排列在南低北高的一条斜线上。随着黄瓜茎蔓的伸长，不断地缠绕在塑料绳上，缠绕的同时把卷须、雄花、砧木发生的萌蘖摘除。

第十六章 春黄瓜+夏番茄+越冬菠菜高效种植

进入壮龄以后,叶片逐渐变成老龄叶,由光合产物没有剩余变为依靠功能叶提供养分,此时就应将老龄叶摘除并埋掉。必要时还需要落蔓。

6. 病虫害防治

大棚春黄瓜的主要病害有猝倒病、霜霉病、棒孢叶斑病、炭疽病、白粉病、细菌性角斑病,主要虫害有蚜虫、白粉虱、斑潜蝇等。

(1) 猝倒病 床土应选用无病的营养土,有带菌可能的苗床土壤应进行消毒。方法为:每平方米苗床施用50%拌种双粉剂7克,或40%五氯硝基苯粉剂9克,或30%苗菌敌可湿性粉剂10克,或25%甲霜灵可湿性粉剂9克+70%代森锰锌可湿性粉剂1克,兑细土4~5千克拌匀,施药前先把苗床底水打好,且一次浇透,一般17~20厘米深,水渗下后取1/3充分拌匀的药土撒在畦面上,播种后再把其余2/3的药土覆盖在种子上面,即上覆下垫。发病初期,喷淋72.2%霜霉威盐酸盐水剂400倍液,或15%噁霉灵水剂450倍液,或12%绿乳铜乳油600倍液进行防治。

(2) 霜霉病 可用25%嘧菌酯悬浮剂1500~2000倍液,或68.75%噁唑菌酮·锰锌水分散粒剂1000~1500倍液,或80%代森锌水分散粒剂800~1000倍液,或77%氢氧化铜可湿性粉剂800~1000倍液防治,兑水喷雾,视田间情况每隔7~10天喷1次,连喷3次。

(3) 棒孢叶斑病 可选用40%腈菌唑乳油3000倍液,或40%嘧霉胺悬浮剂1500倍液,或43%氟菌·肟菌酯悬浮剂3000倍液,或35%氟菌·戊唑醇悬浮剂2500倍液,或50%啶酰菌胺水分散剂2000倍液,或50%福美双可湿性粉剂500倍液,或75%百菌清可湿性粉剂500倍液喷雾防治,每隔5~7天喷1次,连喷3次。

(4) 炭疽病 可选用62.5%腈菌唑锰锌可湿性粉剂1000~1500倍液,或80%炭疽福美可湿性粉剂800倍液,或60%唑醚·代森联水分散粒剂600~1000倍液,或75%肟菌·戊唑醇水分散粒剂4000~6000倍液,或42.8%氟菌·肟菌酯悬浮剂2000~3000倍液,或80%福·福锌可湿性粉剂400~480倍液,或50%咪鲜胺锰盐可湿性粉剂800~1600倍液喷雾防治。

(5) 白粉病 可选用40%福星乳油4000倍液,或5%高渗腈菌唑乳油1500倍液,或25%乙嘧酚磺酸酯微乳剂800~1000倍液,或50%苯甲·醚菌酯水分散粒剂3000倍液防治,每隔7~10天喷1次,连续防治

2~3次。

（6）**细菌性角斑病** 可选用30%琉胶肥酸铜可湿性粉剂500倍液，或60%琥·乙磷铝可湿性粉剂500倍液，或14%络氨铜水剂300倍液，或50%甲霜铜可湿性粉剂600倍液，或2%春雷霉素水剂400~750倍液，或新植霉素4000倍液防治。

（7）**蚜虫** 可用0.65%茴蒿素100毫升加水30~40千克后喷洒；也可用2.5%鱼藤精乳油600~800倍液，或21%增效氰·马乳油4000倍液，或2.5%氯氟氰菊酯乳油3000倍液，或2.5%联苯菊酯乳油3000倍液，或10%吡虫啉可湿性粉剂2000倍液，每隔10~15天喷1次，连喷2~3次。

（8）**白粉虱** 可用20%杀灭菊酯乳油5000倍液，或2.5%溴氰菊酯乳油2000~3000倍液，或25%噻嗪酮可湿性粉剂2500倍液，或2.5%联苯菊酯油3000倍液防治；也可用杀虫烟剂熏烟防治。

（9）**斑潜蝇** 采取黄色粘虫板诱杀成虫与药剂防治相结合的措施。可用1.8%爱福丁乳油3000倍液，或20%斑潜净（每亩用药24克兑水45千克）喷雾防治，每隔7天喷1次，连喷3~4次。

7. 适时采收

黄瓜是连续采收的瓜类蔬菜，应注意采收频率，掌握好采收成熟度，才能保证产量和品质。根瓜尽量提早采收，长势旺的植株结的瓜适当延迟采收，长势较弱的植株尽量提早采收，可促使植株长势均匀。天气好时瓜条生长快，可以提高采收频率，遇到坏天气应当轻采收。

第二节　番茄栽培管理技术

1. 品种选择

越夏茬选用耐热、抗病（重点病毒病）、优质、高产、具有无限生长习性的中早熟硬果番茄品种，如毛粉802、夏朗、贝利粉果等。

2. 播种

可用温汤浸种或药剂浸种，然后在25~30℃条件下催芽，每天用清水冲洗1~2遍，2~3天后出芽即可播种。按每亩栽培面积计算，需番茄种子 25~30 克。

3. 苗期管理

（1）发芽期 不旱不浇水，温度保持在白天 25℃ 左右、夜间 15℃ 左右，揭开草苫后要清扫膜面灰尘，争取多照阳光，苗床北侧张挂反光幕效果更好。

（2）籽苗期 温度保持在白天 25~28℃、夜间 13~15℃，适当控制水分。

（3）成苗期 温度应掌握"三高三低"的原则，即白天高、夜间低，晴天高、阴天低，生长期高、定植前炼苗低。移植缓苗后，晴天温度保持在白天 25℃ 左右、夜间 15℃ 左右，阴天低 3~5℃。调节温度的方法是放风，外界温度低时小放风，外界温度较高时提前放风，并加大放风量。在 1 天中，放风由小到大，再由大到小。定植前，在适应范围内炼苗，温度尽量降低。

水分管理应掌握"三足两控"的原则，即移植水浇足，缓苗后适当控水；生长期供给足够水分，定植前控水，割坨定植的，割坨水要浇足；容器移苗的，定植前也要浇足水，以防脱下容器时散坨。浇水应选不良天气刚过、开始晴天的上午进行，浇水后加强放风。

4. 定植

清除前茬作物残株、杂草，每亩施优质腐熟农家肥 3000~5000 千克、复合肥（15-15-15）30~50 千克、硫酸锌 1~2 千克、硫酸镁 0.5 千克。耕翻细耙，做高垄或平畦，高垄垄面上口宽 80 厘米，下口宽 120 厘米，垄高 20~30 厘米；沟上口宽 70 厘米，下口宽 30 厘米。将滴灌带按间距 40 厘米铺在垄中间，每垄 2 条，且有孔的一面向上；平畦一般做成 80 厘米宽的畦面，走道宽 60~80 厘米，畦面低于走道 5~10 厘米。

定植应注意适当遮阴。采用三角形双行栽培，一般早熟品种行距 40~50 厘米，株距 25~30 厘米，密度为 4500~6500 株/亩；中晚熟品种行距 50 厘米，株距 30~45 厘米，密度为 3000~4500 株/亩。定植时苗坨低于畦面 1 厘米，然后在苗坨上覆盖厚度为 0.5~1.0 厘米的细土，压坨稳苗。

5. 田间管理

（1）温、光管理 温度控制在白天 26~30℃、夜间 20~24℃。在光照较强，温度超过35℃时进行遮阴降温。白天温度高时要揭开侧棚膜，通风降温。

（2）**肥水管理** 以促为主，不要蹲苗，促进根深叶茂，增强植株的抗病性。定植后3~4天浇缓苗水，不旱不浇水，浇水过多易引起植株徒长，影响开花坐果。前期浇水宜在晴天傍晚进行，以降低棚内夜温，加大昼夜温差，减少番茄的呼吸消耗，防止徒长，增加产量。应经常灌水，以降低地温，防止病毒病。灌水时注意防积水，以免引起植株徒长，加重落花落果。

在施足底肥的基础上，前期不需要追肥。在番茄头层果坐住且长至直径为4~5厘米，并且第三穗花已醮完，第四穗花已开时，进行水肥齐攻，以催秧壮果。每隔7~10天浇1次水，每隔15~20天结合浇水每亩施尿素12~15千克、过磷酸钙20千克、磷酸二氢钾20千克或硫酸钾10千克，不可单追尿素。如果采用水肥一体化管理，可施用水溶性肥料（17-8-25）8~12千克/亩，也可根据植株长势、天气情况、灌水次数及灌水量确定，做到小水薄肥勤浇勤施。此外，开花坐果后每隔7~10天喷1次0.2%磷酸二氢钾或其他叶面肥，防止植株早衰。

（3）**植株调整** 在番茄定植后2周左右，株高40厘米开始吊蔓或搭架，拱棚内最好用尼龙线吊蔓或竹竿等人字架、篱笆架。番茄宜采取单干整枝法，保留1个主干，下部侧枝全部清除，以达到早熟、高产的目的。当番茄第一层果坐住且长至核桃大时，切去所有侧枝。过早打切不利于根系发育生长，以后侧枝一长出就及时清除。番茄留5层果摘心，最顶端1个侧枝通常保留2~3片叶摘心，摘除花穗，避免由于上端叶少而引起果实日灼病与营养不良。可根据需要留4~6穗果。

在番茄定植缓苗后，为促进根系生长和发棵，适当推迟打杈，待侧枝长到6~7厘米时再进行，有利于增加叶面积而多制造养分，以后的整枝打杈应在侧枝长到1~2厘米时进行，以免过多地消耗养分。第一花序下的侧枝及其他侧枝，即使不留作结果枝，也不宜过早打掉，一般应留1~2片叶用来制造养分。打杈应在晴天进行，有利于伤口愈合，以防病害感染传播。浇水后1~2天内不整枝打杈，打杈后及时用药预防病害，对于有病毒病的植株应单独进行整枝打杈，避免人为传播病害。

第十六章 春黄瓜+夏番茄+越冬菠菜高效种植

此外,后期要及时地打掉下部的病叶、老叶、黄叶,增加植株的通风透光程度,促进果实早日转色成熟。

(4)保花保果及疏花疏果 可通过人工辅助授粉、熊蜂授粉或外部植物生长调节剂处理,如用10~20毫克/千克2,4-D蘸花或涂抹花梗,也可用25~30毫克/千克番茄灵喷花。气温较低时,应适当加大调节剂浓度。后期随气温回升,调节剂浓度应降低。若采用番茄自动授粉器,可于10:00左右通过连续振动"打秆"授粉,同时可以将花瓣(残花)振动下来,避免病害的侵染。疏花疏果后注意喷施保护性杀菌剂。

6. 病虫害防治

夏番茄的主要病害为病毒病,主要虫害有白粉虱、蚜虫和斑潜蝇等。

(1)病毒病 可用20%盐酸吗啉胍·铜可湿性粉剂300~500倍液,或2%氨基寡糖素水剂800~1000倍液喷雾防治。

(2)白粉虱 在发生初期,利用成虫对黄色有强烈的趋向性,悬挂黄色粘虫板来诱杀成虫,每亩需35块左右。可人工繁殖并释放丽蚜小蜂,当白粉虱成虫在0.5头/株以下时,按照15头/株的量释放丽蚜小蜂,每隔10天左右放1次,共放蜂3~4次。药剂防治可用25%噻嗪酮可湿性粉剂1000~1500倍液,或10%吡虫啉可湿性粉剂1500倍液,或25%噻虫嗪水分散粒剂2000~300倍液,或20%啶虫脒3000倍液喷雾。

(3)蚜虫 可用20%多灭威2000~2500倍液,或4.5%高效氯氰菊酯3000~3500倍液,或50%抗蚜威可湿性粉剂2000~3000倍液,或2.5%高效氯氰菊酯乳油3000~4000倍液喷雾防治;也可用10%异丙威·菌虫双杀烟雾剂熏杀,用量为300~400克/亩。

(4)斑潜蝇 可用10%除虫脲悬浮剂3000倍液,或25%灭幼脲悬浮剂2500倍液,或20%斑潜净乳油1500倍液,或1.8%的阿维菌素乳油3000~4000倍液在早晨或傍晚喷雾防治,间隔期5~7天,连续用药3~5次。

7. 适时采收

番茄花后40~50天,果实已有3/4的面积变成红色或黄色时即为采收适期,近销的应在果实开始转红后采收;远距离调运的,应在白熟期或转色期采收。

第三节　菠菜栽培管理技术

1. 品种选择

选择品质好、抗寒、抗病、丰产的品种,如日本大叶菠菜、四季菠菜、菠杂58等。

2. 播种

番茄腾茬后可每亩施入3000千克优质腐熟有机肥、30千克复合肥(15-15-15),翻耕20~25厘米,耙平踏实、整畦,畦宽1.5米。也可不施底肥,整地做畦后就播种菠菜,采用条播或撒播的方式,每亩播种量为2~2.5千克,行距25厘米左右,播后覆土踩实、浇水。

3. 田间管理

(1)**温度管理**　在菠菜的整个生育期内,温度控制在15~20℃。为了促进菠菜早发并预防冻害,冬季可在拱棚四周围草苫、保温被或玉米秸,或在越冬前喷1遍赤霉素或碧护,都有很好的防冻促长效果。

(2)**肥水管理**　待菠菜苗长至2片真叶展开后,叶数、叶重和叶面积迅速增长,3~4片叶前保持土壤湿润,间去过密的苗,适当控水,浇水后中午进行放风排湿。在第二年2月上旬菠菜返青后,可结合浇水每亩追施尿素15~20千克,促其生长。

4. 病虫害防治

拱棚菠菜容易发生的主要病虫害有霜霉病(彩图40)、灰霉病和斑潜蝇。霜霉病用58%甲霜灵·代森锰锌可湿性粉剂喷雾防治;灰霉病用28%灰霉克粉剂500倍液,或50%腐霉利可湿性粉剂2000倍液喷雾防治;斑潜蝇用2%阿维菌素乳油等喷雾防治,连续喷施2~3次。

5. 适时采收

2月中下旬菠菜株高达25~30厘米开始采收。

参 考 文 献

[1] 程智慧. 蔬菜栽培学各论 [M]. 2版. 北京：科学出版社，2021.
[2] 董印丽. 棚室蔬菜安全科学施肥技术 [M]. 北京：化学工业出版社，2015.
[3] 李天来，等. 日光温室和大棚蔬菜栽培 [M]. 北京：中国农业出版社，1997.
[4] 高俊杰，刘中良. 现代蔬菜生产技术 [M]. 北京：中国科学技术出版社，2021.
[5] 王迪轩，王雅琴，何永梅. 图说大棚蔬菜栽培关键技术 [M]. 北京：化学工业出版社，2018.
[6] 王恒亮. 蔬菜病虫害诊治原色图鉴 [M]. 北京：中国农业科学技术出版社，2013.
[7] 武占会. 现代蔬菜育苗 [M]. 北京：金盾出版社，2009.
[8] 张洪昌，李星林，王顺利. 蔬菜灌溉施肥技术手册 [M]. 北京：中国农业出版社，2014.
[9] 郑玉艳. 棚室蔬菜高效栽培 [M]. 北京：机械工业出版社，2015.
[10] 中国农业科学院蔬菜花卉研究所. 中国蔬菜栽培学 [M]. 2版. 北京：中国农业出版社，2010.

书 目

书 名	定价	书 名	定价
草莓高效栽培	35.00	番茄高效栽培	35.00
棚室草莓高效栽培	29.80	大蒜高效栽培	25.00
草莓病虫害诊治图册（全彩版）	25.00	葱高效栽培	25.00
葡萄病虫害诊治图册（全彩版）	25.00	生姜高效栽培	19.80
葡萄高效栽培	25.00	辣椒高效栽培	25.00
棚室葡萄高效栽培	25.00	棚室黄瓜高效栽培	29.80
苹果高效栽培	22.80	棚室番茄高效栽培	29.80
苹果科学施肥	29.80	图解蔬菜栽培关键技术	65.00
甜樱桃高效栽培	29.80	图说番茄病虫害诊断与防治	25.00
棚室大樱桃高效栽培	25.00	图说黄瓜病虫害诊断与防治	25.00
棚室桃高效栽培	22.80	棚室蔬菜高效栽培	25.00
桃高效栽培关键技术	29.80	图说辣椒病虫害诊断与防治	25.00
棚室甜瓜高效栽培	39.80	图说茄子病虫害诊断与防治	25.00
棚室西瓜高效栽培	35.00	图说玉米病虫害诊断与防治	29.80
果树安全优质生产技术	19.80	图说水稻病虫害诊断与防治	49.80
图说葡萄病虫害诊断与防治	25.00	食用菌高效栽培	39.80
图说樱桃病虫害诊断与防治	25.00	食用菌高效栽培关键技术	39.80
图说苹果病虫害诊断与防治	25.00	平菇类珍稀菌高效栽培	29.80
图说桃病虫害诊断与防治	25.00	耳类珍稀菌高效栽培	26.80
图说枣病虫害诊断与防治	25.00	苦瓜高效栽培（南方本）	19.90
枣高效栽培	23.80	百合高效栽培	25.00
葡萄优质高效栽培	25.00	图说黄秋葵高效栽培（全彩版）	25.00
猕猴桃高效栽培	29.80	马铃薯高效栽培	29.80
无公害苹果高效栽培与管理	29.80	山药高效栽培关键技术	25.00
李杏高效栽培	29.80	玉米科学施肥	29.80
砂糖橘高效栽培	29.80	肥料质量鉴别	29.80
图说桃高效栽培关键技术	25.00	果园无公害科学用药指南	39.80
图说果树整形修剪与栽培管理	59.80	天麻高效栽培	29.80
图解果树栽培与修剪关键技术	65.00	图说三七高效栽培	35.00
图解庭院花木修剪	29.80	图说生姜高效栽培（全彩版）	29.80
板栗高效栽培	25.00	图说西瓜甜瓜病虫害诊断与防治	25.00
核桃高效栽培	25.00	图说苹果高效栽培（全彩版）	29.80
核桃高效栽培关键技术	25.00	图说葡萄高效栽培（全彩版）	45.00
核桃病虫害诊治图册（全彩版）	25.00	图说食用菌高效栽培（全彩版）	39.80
图说猕猴桃高效栽培（全彩版）	39.80	图说木耳高效栽培（全彩版）	39.80
图说鲜食葡萄栽培与周年管理（全彩版）	39.80	图解葡萄整形修剪与栽培月历	35.00
		图解蓝莓整形修剪与栽培月历	35.00
花生高效栽培	25.00	图解柑橘类整形修剪与栽培月历	35.00
茶高效栽培	25.00	图解无花果优质栽培与加工利用	35.00
黄瓜高效栽培	29.80	图解蔬果伴生栽培优势与技巧	45.00

彩图 1 规模化兔场

彩图 2 全自动喂料系统

彩图 3 室外双列式兔舍

彩图 4 半开放式兔舍

彩图 5 重叠式兔笼

彩图 6 三层阶梯式兔笼

彩图 7 双层阶梯式兔笼

彩图 8 食盒 1

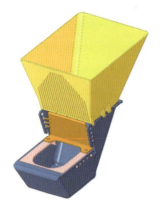

彩图 9　食盒 2

彩图 10　防扒料食盒

彩图 11　悬挂式产仔箱

彩图 12　人工授精

彩图 13　灯光催情

彩图 14　性别鉴定（公）

彩图 15　性别鉴定（母）

彩图 16　母兔和仔兔

彩图 17　仔兔

彩图 18　冷吃兔

彩图 19　屠宰生产线

彩图 20　板兔

彩图 21　卤兔头

彩图 22　烤兔 1

彩图 23　烤兔 2